追求幸福生活的第一步
要有"放弃的勇气"

やめる勇気

放弃的勇气

舍弃这 21 个你以为的"好习惯"

「やらねば！」をミニマムにして心を強くする 21 の習慣

[日] 见波利幸(みなみ としゆき) 著　汤成 译

上海三联书店

前 言

你现在正带着什么样的心情工作着?

"不想去公司。"

"在职场并不快乐。"

"不想继续这份工作了。"

几乎所有人都至少一次有过这样的感受吧。

这就是内心正处于"濒临崩溃"的状态。

作为一名企业心理咨询师,我常常有机会听到有人如此说道。当问及为何不想去公司的时候,基本上都会得到如下的回答。

"毕竟工作量太大了。"

"因为没有做到喜欢的工作。"

"因为上司职权骚扰。"

因为诸如此类的原因而导致提不起干劲，从而变得厌恶上班。

虽然听起来都是非常合理的理由，但实际上在多数情况下，工作量、工作内容以及上司的性格等并非"问题的本质"。

即便如此，仍然有许多人倾向于希望做些什么以改变这种局面。然而，工作内容和上司可不是立刻就能简单改变的。

如果仅仅拘泥于表面问题，闷闷不乐地度过每一天，你的情绪就会不断低沉下去，当有一天超出你的承受范围，就会演变成递交辞呈，甚至出现抑郁症状。

为了让大家意识到真正的问题所在，本书在此首先建议"大家试着放弃"。

我做心理咨询这么久以来体会最深刻的一件事

是，出现心理问题的人往往会"习惯性地给心理加负"。因此，鼓起勇气来尝试抛弃这个习惯，就能培育出坚韧的心灵。除此之外，说不定也会成为意识到自己真正所面临问题的契机。

要成为柔软的竹子，并非参天大树

如果你能将本书所提到的内容付诸实践的话，将有助于提高你的**心理复原力**。

复原力是指具有能够反弹压力的弹性内心，即不输给压力的强韧的精神力量。我在企业或地方自治团体[1]进行心理健康的调查研究，调研过程中，我必定会强调心理复原力的重要性。

各位在想象强韧的精神力量时，可能会联想到参天大树。但是，无论多么强壮的大树，被强风连续不断地冲击时，树枝也会折断；强冷空气来临时，白雪

1　日本的基层地方自治制度。以本国一部分领土的存在为基础而行使权力的团体组织。

持续不断地累积，大树也会不堪重负而折断。

然而，我想让大家进行联想的，不是大树，而是竹子。竹子虽然纤细，但是柔软且富有弹性，几乎不可能被风雪摧毁。即使是被强风吹弯，它也能自己恢复原样，竹子上堆起的积雪，也能够因此而飞溅开来。

养成如同竹子一般柔韧的内心，就是提高你的心理复原力的过程。

从多项研究中可知，具有高复原力的人，不仅抗压能力强，而且生产效率很高。在"濒临受损"的内心得到恢复的同时，工作质量也会同步提高，因此你的自信心也会如泉水般喷涌而出。由此，你的人生毫无疑问会向更好的方向扭转。

如果你总认为像大树那样具有坚定的毅力是"应有的姿态"的话，你就会不断给自己的内心施加压力。

你是否曾经为了拥有岿然不动的粗壮树干般的内心而强迫自己做这做那，将自己束缚得透不过气来？这样想不仅不会促进自己内心变强大，反而让内心更容易受挫崩溃。

这就是本书刚刚所提到的问题本质之一,即是你的观念让内心变得紊乱。

或许,读者诸君中有人会觉得,"强韧的内心＝大树"这样的类比是"理所当然"的。然而,实际上社会普遍看法即为合理的想法本身就可能是个陷阱。所以,放弃"理所当然"这个观念,就是解决本质问题的第一步。

第一章先从正视脑海中的想法入手,从你可以做到的事开始尝试"放弃"吧!

第二章是基于关键问题,详细说明如何构建提高心理复原力的基础。

第三章我将会分享具体的应对压力的方法,都是可以即刻付诸实践的方法,所以请一定尝试一下。

想完全消除日常生活中的压力是非常困难的事,因为给你带来压力的事物已经蔓延到你生活中。所以，请努力掌握自己调节压力的能力，这并非难事。世上无难事，只怕有心人。你想要自己控制压力的意志力是保护自己最大的力量。

见波利幸

目 录

第一章 放弃这些,你的内心就会更强大　001

1. 出差的时候,放弃坐在上司旁边　002
2. 放弃忍住抱怨　005
3. 放弃向不打招呼的人打招呼　010
4. 放弃说话条理清晰　014
5. 放弃乘坐直达车　018
6. 放弃"金句"或"吐槽"　022
7. 放弃用手机看新闻　026
8. 放弃穿白衬衫　030
9. 放弃勉强自己与讨厌的人相处　033
10. 放弃"总之先去二次会"的思维　038
11. 放弃在电梯中保持安静　043

12. 放弃"不能犯错"的想法 046

13. 放弃树立人设 051

14. 放弃"忙"不离口 054

15. 放弃自我反省 059

16. 放弃模仿成功的人 063

17. 放弃"必须睡足6小时"的观念 068

18. 放弃"职场不相信眼泪"的观念 074

19. 放弃"不论好坏盲目夸奖别人" 077

20. 放弃为了提高技能而学习 081

21. 放弃执着于争强好胜 084

第二章　强大内心的基础 091

拥有坚不可摧的内心的人的特征 093

人生目标造就最强复原力 096

思考你无法放弃的工作方式 099

你了解自己追求的工作方式吗? 104

通过设定优先顺序而明白的事	106
即使无法改变现状也能减轻压力	109
看清无法妥协的事物，内心就会变轻松	113
关于最重要的生活方式的思考	115
重要的回忆会告诉我们如何轻松地生活	117
为什么那个人会让周围的人"心碎"？	121
鼓起勇气必须要舍弃的事物	124
对"未来的自己"的思考	126
自己因何而幸福？	129
描绘未来蓝图的 10 个问题	131
展望未来能减轻压力	134
树立改变人生的目标	136
认识到你所珍惜的事物后目标就会改变	138
达到目标所能获得的价值	140
绝对能达到目标的人一定会做的事	142
内心强大的人能抛弃压力源	146

第三章　打造能够抵抗压力的内心　153

为何如今提高抗压能力十分重要？　155

压力产生——问题的核心在哪儿？　157

本人未察觉"真正的问题"的原因　160

目标意识让内心更强大　163

遭遇同样的事却没感到压力的人　166

自己的"认知"——思考对事物的理解方式　169

预防负面情绪膨胀的方法　172

提高心理复原力的最好习惯　175

"转变思想"——帮你在困难的时候

向前迈出一步　177

情绪可以由自己控制　180

思考你为何因为那句话而愤怒　182

减轻焦虑最有效的方法　185

注意不要给自己发出"禁止令"　187

缓解正式出场前的紧张的两个方法　189

运动员的情绪控制法 192

用自我认可的力量打造未来的自己 194

采取均衡的压力管理方法很关键 197

对现代人来说最重要的是提升副交感神经 200

有效利用一日三餐 204

深度睡眠带来的恩惠 207

提升睡眠质量的要点是微小的"幸福感" 210

打造牢不可破的内心的快走运动 213

为什么登山能让人变幸福？ 216

会流泪的人其实是内心强大的人 218

受到周围的人支持的人的特征 220

比看着别人的眼睛附和更为重要的事 223

双方都处于同一"擂台"的谈话方式 226

尾　声 233

第一章

放弃这些,你的内心就会更强大

🚫 1. 出差的时候，放弃坐在上司旁边

"出差需要长时间移动的时候，在飞机或者高铁上受不了和上司坐邻座。"或许有人会这样想。不知道该和上司聊什么好，一言不发更会感到压力。

和上司一起出差的时候，你通常会被吩咐先订好两人的票，如果这时故意买分开的座位就显得十分突兀，所以一般会定并排的座位。

或许有许多人不擅长闲聊，老实说，我也属于这类人。和工作上的人聊天，话题过于有限，不久就会失去话题；和性格不太合的人的话，又不想故意制造话题，但一直沉默，气氛也很尴尬。

因此，我一般尽量不和工作上的人一起待太长时间。

乘坐东海道新干线出差的时候，可以以"彼此都很想欣赏车外的景色吧；应该都想看到富士山吧"这样的话为借口，这样两人就都能坐在靠窗的座位了。

要从外地坐飞机回到东京的时候，就说"东京的夜景很美，一定要欣赏下"，这样就能避免坐邻座了。

将这些告诉了那个虽不情愿却不得不和上司坐邻座的同事后，他恍然大悟说道："下次就这么做！这样说就不会得罪人了。"

"一般来说是应该坐邻座的"，"分开坐又不礼貌"，与其这样痛苦地两人坐一起，**不如以一种不让对方不愉快的方式说出来，让自己轻松一点儿。**

避免压力最有效的方法是，**积极避开会让自己产生压力的情况**。虽然有时无法避免，但是自己可以有意识地行动起来减少这些情况的出现。

不仅是在出差时，在职场上，当不得不和不喜欢的人聊天时，有的人不知道该说什么，紧张得不知所措，气氛十分尴尬。例如，开会的时候避免提早去会议室，讨厌的前辈邀请你一起吃午饭而要面临两人独自相处的时候，尝试叫上身边的其他同事，等等。总之，自己在平时先排查清楚容易让自己产生压力的场景，提前想好对应的方法。

不要因为感到压力就妄自菲薄，或者一味地忍耐，而是尽可能不让自己身陷"讨厌"的状况中，这也是一种让自己舒服的方法。

🚫 2. 放弃忍住抱怨

在职场中遇到令人厌烦或者失落的事情时，往往会想要抱怨一两句。然而，不少人却因为"不应该向别人抱怨"，"抱怨是令人羞耻的行为"而将委屈打掉牙往肚子里咽。

我认为还是应当将不满一吐为快的好。

将心中压抑的情绪吐露出来，心情得到释放，就会有净化心灵的效果。

有报告称，当人背负压力时，相比将其闷在心里闭口不言的人而言，向他人诉说消解压力的人更能在精神上获得良好的影响。可以说科学已经证明，诉说抱怨是有良好效果的。

只不过，现实中是否会有好效果取决于听我们抱怨的人。对方如果不能理解我们的心情，抱怨反而有可能让我们更加失落。也就是说，你倾诉抱怨的对象应该选择十分重视你的心情的人。在选择倾听自己抱怨的对象时应该慎重考虑。

以我所听说的事情来举例吧！

因工作的事情苦恼不堪的小 A 向认识八年的小 B 诉说了她的抱怨。对于小 A 来说，小 B 的人品是值得尊敬和信赖的，仅从她工作时候的样子来看就感觉她是一个会关心别人情绪的人。

然而，面对小 A 的抱怨，小 B 的反应却是冷冰冰的一句："毕竟是工作嘛，能有什么办法？实在讨厌的话辞职不就好了。"

对于小 B 来说这句话毫无恶意，然而对于小 A 来说，情绪瞬间一落千丈，更别提得到宽慰。"不能让这个人看到柔弱的自己"，小 A 这样认为，这样一来两人之间就产生了巨大的隔阂。

无论对方是多么值得尊敬，也不能说明他一定就能关照到你的情绪。

那么，如何选择倾诉抱怨的对象呢？其中一个重要的判断方式是看他**"是否对自己感兴趣"**。

这是我从熟人小C那里听到的例子。

小C听说离自己办公桌很近的同事小D，不知道为什么许多人都愿意找他商量事情。似乎连其他部门的人也愿意特意过来找他聊天。小C十分好奇为什么小D如此受人欢迎，便观察了小D的行为一段时间。于是他发觉了这样的事情：

暑假结束的时候，小C在公司分发了去冲绳旅行带回来的特产。小D当时正好不在工位，于是他把特产点心放在了小D的桌子上。回到座位的小D看到桌上的特产，就特意从座椅上站起身走到小C的座位处与他搭话。

"小C，去冲绳了呀，这次去了几天呀？""天气不错吗？""那儿还有这么好的点心啊，最近冲绳都是这样子的特产吗？"问了许多事情。

小C突然意识到，小D似乎一直是用这样的方式和大家说话的。

虽然可能含有一些社交辞令，但是如果对小C的事完全没兴趣的话，小D也不会特意从座位上起身走过去对旅行的事问这问那。小D就是这样表现出对他人的兴趣，并善意地倾听他们的意见。这样想来，别人经常去找他商量事情也是理所应当的。

对他人不感兴趣的人，很难会去照顾别人的感受。是否关心别人，从这个人的态度上就能看得出来。有时你和别人说话的时候，他却一边盯看电脑屏幕一边回应你，这样的人很明显不会关注别人的情绪。

当你向别人倾诉的时候，仔细观察一下对方的动作与态度，经过一定程度的沟通后，你就能看清对方是否是能够理解自己心情的人。

当然，不要单方面输出自己的抱怨，倾听别人、去体会别人的心情也是很重要的。形成一种彼此之间都能互相倾诉的关系是最好的。

在倾听别人的心声时，不要否定别人的情绪，或将自己的世界观强加给别人，**而是去肯定接纳对方的情绪**。这就是所谓的"共情"。

但是，和抱怨上司的同事一起批判上司，乍一看似乎是在表达你的共情，然而这并非真正的共情。这是在助长煽动对方的情绪，不能说是肯定接纳对方的情绪。

"他是否真的这么想？"请积极地感受对方的心情，尝试接近对方内心的真实想法。这样做的话，对方一定会以同样的方式对待你的。当你真正收获到别人的共情时，即为内心最为稳定之时。

🚫 3. 放弃向不打招呼的人打招呼

　　寒暄是一种礼节，我认为这与立场无关，是两人中先注意对方的一方通常会先做的行为。也一定有许多人时刻提醒自己要注重礼节吧。

　　寒暄是最基本的交流，给人带来愉悦的问候会让人从清晨开始就精神振奋。

　　但是最近我经历了一件事，让我开始认为没必要非要和所有的人打招呼。

　　曾经，有的人因为和我经常见面所以省去寒暄。当我意识到的时候已经打了招呼了，而对方却没有给我反馈。对于我的问候，有时对方只是敷衍地点头示意,或者干脆毫无反应,总之没有发出一句"早上好"的声音。

我向对方问候了,所以理所应当也会在意对方的反应。一旦开始在意的话就会不自觉地想一些毫无根据的事:他是不是讨厌我啊?下一个项目会有很多时候要和他一起工作,还能顺利进行吗……为了避免这些,我干脆试着放弃主动向他打招呼。

或许他从一开始就没意识到见面打招呼很重要,所以即便我不再向他打招呼了,他也没有表现出很在乎的样子,而且也丝毫没有出现影响平日里工作的情况。最初我还会觉得有些不适应,但是也立刻就习惯了,如今也能和他正常沟通。

毕竟不用纠结"今天他给我回应了吗"这件事后,我的心情更加舒畅了。"应该同所有人打招呼"的思维方式就会带来"问候别人后理应得到别人的回应"的期待。如果有人没有回应这种期待的话,人就会变得烦躁不安或者悲伤难过。

世界上的人分别有着各色各样的价值观。**有人认为问候他人是基本的礼节，也有人认为此事并非如此重要**。对其持有开放的态度是获得更有弹性的内心的秘诀。

对于不懂得寒暄的重要性的人，就不必勉强自己去打招呼。这样下定决心后，不就能减少一个产生压力的源头了吗？

话虽如此，可是如果见到上司或前辈的话，即便对方不回应，我们也不能不打招呼，这样的情况也很常见。主动的问候被忽视或许会让你感到难堪，这时请试试这么想：“**一定会有相应的好事发生**”。然后，坚信自己是一个心胸开阔的人。

这都是我的个人经验，只要自己的言行举止充满诚意，即使发生了不好的事，后面也一定会遇到令你开心的事的。烦心事越大，感到"好运"、"庆幸"的事也会随之而来的。

这听上去似乎难以置信，但是只要你不沉浸在失落或焦虑的情绪中，以一个积极的态度，就能影响到他人的态度、对事物的思考方式与处理方式，事情就会自然而然向好的方向发展。

🚫 4. 放弃说话条理清晰

将合乎逻辑的内容系统性地、有层次地说清楚，对一个社会人来说是十分重要的事情。甚至有人每天都在有意识地努力做到说话具有"逻辑性"。但是，将注意力过于集中在这件事上，反而容易产生多余的压力。

除此之外，希望身边的人注意到自己，或是重视自己的存在，这种人也不少见。

我们重视说话的"逻辑性"是因为希望以此来让对方更容易理解我们的话。也就是说，**原本的目的在于让对方理解，而并非条理清晰地说话。**

然而，一味将精力放在表达的逻辑性上的话，结果可能反而不会打动对方的内心。

请你试想一下：策划负责人展示着详细的幻灯片资料介绍新策划事宜，并滔滔不绝地向你介绍有理有据的内容。遇到这个场景，你的内心能受到多少触动呢？你是否想要为这个策划的实现而贡献力量呢？

看到汽车销售员毫不关注你的反应而有条不紊、滔滔不绝地介绍产品性能的样子，你会想要买那辆车吗？

以买车举例来说，我是不会想从一个一味彰显自己的产品完美无瑕的人那里买车的。

一边解说一边流着汗，说明的过程中，时而说话顺序变得稍微有些奇怪，或者偶尔有些语塞，但是能够让我们想象到"买了这辆车会有这些好处"的具体细节。我更希望能从这样的人那里买车，因为会被这种人打动。

与其给我详细地解说车的燃料消耗性能，我更希望能被问道："买车之后什么时候会使用？"

这样的话，我将会告诉他："不知道一年能不能用到一次，我是想开车带家人一起去野营。"此时，对方如果说："想去野营是吧，这个车野营的时候有这些功能哦。"这样能够让我产生对野营时候欢乐场景的憧憬的人，最能打动我。

如果你每日都为了逻辑清晰地说话而努力，就可能会自责自己做不到这些。在商务场合中，条理清晰的表达能力是十分被重视的，许多人都是受到商务用书和上司的教导，似乎无法做到有逻辑地表达就会被贴上工作能力不行的标签。言语表达做到条理清晰的确重要，但是这并不是打动人心的唯一要素。

但是，如同上文提到的那样，我们的目的是为了让对方理解自己的话。因此，最重要的还是了解对方的内心。我们**主要需要考虑"这样说的话，对**

方会有什么感受",这样就能够学会让别人更容易理解的表达方式。

"这种说法似乎会让对方急躁不安吧。下次再早点儿说结论试试。"

"总感觉自己没有把最想表达的事情传达到位呀。要让对方更深入了解的话,应该怎样表达才好呢?"

时常在心中这样提醒自己,你便很容易学会这种思考方式。请不要忘了,在与人交流中重要的是驱动对方内心的想象力。

🚫 5. 放弃乘坐直达车

如果被问道："各站都停的车和直达的车，你会乘坐哪种？"几乎所有人都会选择直达吧。

去往目的地的时候，选择最有效率的交通方式是人们普遍的想法。因此，上下班的电车中，直达的车毋庸置疑是最为混乱的。

经常利用电车通勤的人应该最懂，满员电车真的十分消耗精力。几乎对于所有人来说，乘坐满员电车应该是巨大的压力源（压力成因）。

有说法甚至说，长时间乘坐满员电车通勤的话，其带来的压力甚至会导致人的寿命缩短。

为了规避这个压力源，我们可以通过躲开混乱的电车高峰期，或是勉强自己乘坐各站都停的电车上下班。但是为此我们就不得不早起，对于不习惯早起的人来说，这又将成为另一个压力源。

但这并不是说要一开始就放弃早起而忍受拥挤不堪的满员电车，**而是建议将两种压力源置于天平两端，比较思考二者"哪一方对自己来说负担更重"**。思考二者各自的优点与缺点，选择能减少压力的一方。

我也十分厌烦满员电车，所以应该无法忍受这种压力。与此同时，我想生活在大自然中，所以就下定决心干脆搬到静冈县了。现在，我是乘坐从静冈到东京的新干线来通勤。

然而，乘坐新干线也会产生其他的压力。

通勤时间来回是四个半小时。到静冈站的"光号列车"一个小时只有一个班次，要是错过车就麻烦了。所以平时回家之后我几乎没有休闲的时间。

交通费公司也不是全部报销，所以我就要节省出相应的钱来支付路费。

这些事情确实也会成为我的压力。

或许有的人会觉得忍受满员的电车更好点儿吧。但是对我来说，这样做有足够的优点可以弥补不足之处。

首先，田园生活可以享受到亲近大自然的快乐。我可以尽情地享受最爱的烤肉，可以毫无顾忌地养狗，还可以拥有自己的田地，品味到自己种植蔬菜水果的喜悦。

并且，我也非常喜爱大海，这里的海能让坚持了30多年浮潜运动的我经常去潜水，这对我来说很有吸引力。这里也有滑雪场，我长年以来的滑雪的兴趣也比之前容易满足了。

将满员电车和新干线通勤置于天平两端，选择新干线通勤这一压力对于我来说是优点更多的选择。将压力源放在天平上客观观察，就更容易注意到其具体的优点了。

我想让大家尝试的提高复原力的第一步是，弄清最让自己感到负担的压力源，然后尝试一鼓作气舍弃它。

当你试图割舍压力源的时候，往往会产生新的压力源。但是，**接受其他的压力往往会减轻现有的负担**。并且，也会获得新的快乐。

下定决心转变你现有的压力，就能渐渐向你所期待的生活方式转变。

🚫 6. 放弃"金句"或"吐槽"

在会议上或讨论时,你有没有为了"一定要说一些让人觉得很聪明的话"而焦虑过呢?

想要在公共场合说一些一语破的的意见,但却总是事与愿违。结果想说的没有表达出来,反而陷入自我嫌弃的情绪中……

似乎不少人有类似的经历。会议上不发言的人相当于没来——职场中经常能听到这样的话。也许正是因为这样,在心理辅导的时候,可以见到许多人因"我不擅长表达意见"、"一想到必须要在会议上发言我就很有压力"而烦恼。

在任何场合都能表达出让别人颔首的意见，我觉得是相当困难的事。这是只有经验丰富的老手才能做到的。

然而，如果你试图说些"聪明话"，从一开始就在对方脑海里留下印象，就会成为你心中极大的负担。况且，有的人本身就不擅长在别人面前发言。

对此我的建议是，**要是被问到自己的意见的话，首先从"表达自己真实所想"开始**。把必须说出具有突破性观点的想法先抛在脑后，坦诚地表达出自己的想法。

例如，在会议中被问到意见的时候，试试这样回答："某某先生刚刚的说明非常简单易懂"、"我感觉现在就得出结论比较困难"、"先让我思考一下"，等等。

这些方式难度都不算高，掌握了这些方法表达意见的时候你就不会再焦虑。再者，反复进行表达意见的练习可以帮你自然而然地习惯发言这件事。

焦虑得以消除，内心更加从容，你就能够冷静地评估情况，这样下去，你不就能说出自己独特的见解了吗？

发言的时候，不用总是准备能够打动人心的"金句"。压力往往是由自己制造出来的。

另一方面，也有人时常因必须要发出所谓的"吐槽"而感到压力。由于过于想对同事或者晚辈、部下的创意提出"犀利的意见"而不知不觉地变成全盘否定的发言，这样的情况也并不少见。

"但是不适用于这个项目吧"、"这和上次说的事情不一样吧"……要是说了从源头就否定对方意见的话，会发生什么呢？

即便你觉得自己的话无伤大雅，对方也可能会感到不悦。如果说话方式非常刻薄的话，甚至可能会伤害别人的内心。这样就很难和对方建立信任关系。

这种情况下，**真诚地对对方想法的好的地方表**

示赞赏是非常重要的。在此基础上再提出能让其更加完善的意见就可以了。

多数情况下，内心秩序失衡的人在职场人际关系中都不大顺利。喜欢吐槽的人，虽然会容易被归为"让别人心灵受伤"的一类人，然而实际上，他们为了"我的发言必须要有上司的样子"、"自己总是赞同别人的意见会被人认为没有在思考"的想法也承受了很大的压力。

此外，一味否定别人意见的话，在人际关系上容易产生矛盾，或者不被周围的人所信赖，结果可能会陷入精神紊乱的痛苦中。像这样，乍一看似乎是"使他人内心崩溃"的一方，实际上却可能成为崩溃的一方，这种事也非常常见。

只要你意识到是自己给自己施加的压力，并稍微改变表达方式，就能够使压力瞬间减少。

🚫 7. 放弃用手机看新闻

在心理辅导中,我时常会要求患者谈论自己的日常生活习惯,许多有精神健康问题的人,大抵都会有在通勤或旅程中用手机查看新闻的习惯。

可能你会觉得,有意识地去收集信息是好事,但是这个行为的背后的思想动机是什么,请稍微想一想。

我曾抛出过这样一个疑问:为什么要查看新闻?

对方总会回答我:"工作时或者和客户谈到近期的新闻的话题时,跟不上的话不太好。"

这种想法的本质在于"不得不迎合对方"。因此会产生"必须要把对方知道的事情事先了解清楚"、"对方想要这样的,所以迎合对方的话就能让自己融入进去"这样的想法。

这类的观念继续强化下去的话,就会产生巨大的压力。

迎合对方就如同和对方在同一个"擂台"上比赛,这比想象的要消耗体力。首先你需要先尝试站在对方的"擂台"上,否则不知道其大小。如果看上去比自己想象的还要大的话,需要搜索的信息就会不断增加。然后,在时刻更新的互联网上,从政治、经济到体育、娱乐新闻,不查看完所有种类的新闻你就不会停止。

他们认为"为了和对方沟通顺利而不得不进入对方的领域",所以如果你有没能捕获到的信息的话,就会变得没有信心去面对。另外,由于你过度想在涉及对方的专业领域的时候说些什么,而导致说了牛头不对马嘴的意见时,你甚至会感到自我厌恶。

在交谈中，一定程度上附和对方是有必要的，但是如果你完全站在对方的"擂台"上，就会把自己置于危险境地。为了不变成这样，请放弃**"为了迎合对方而收集信息"**吧！

取而代之你要做的是，试着去为了**深化自己的专业领域而收集信息**。在与自己工作有关的领域或感兴趣的事情上提高专业水平。也就是专心建立你自己的"擂台"。

然后直截了当告诉对方，除此以外的事情自己不太清楚。即便对方的话中出现了你不了解的事也不要去在意，坦白告诉别人："我不太了解这件事，请你告诉我。"刚开始这样做可能需要勇气，但渐渐地你就会习惯，也会明白对方其实并没有在意这件事。

对于自己的专业领域知识，了解地越深入就越有自信，当谈到相关领域话题时，你就能说出直击要点、富有说服力的语言了。

这时，对方反而可能会展示出对你的"擂台"

的兴趣，正是因为双方都对彼此的"擂台"抱有兴趣，才可能构建出一种平衡的人际关系。

在信息膨胀的现代，一丝不苟地捕获各个领域的信息本来就是不可能的事，对每件你不知道的事情都产生自卑感的话是没有尽头的。所以不如就一鼓作气剔除你所不需要的信息吧！

强大的内心是通过不断加深你的专业领域来练就的，而不是胡乱地扩大它。

🚫 8. 放弃穿白衬衫

因为需要做演讲或培训,很多时候要站在人前,因此我一直对穿着打扮十分注意。具体来说,我的穿着原则是,让对方能够感受到我真诚的内心,或者让更多的人感觉符合当下场合。

如此一来,我可选择的最多的就是白衬衫。为了既能满足别人的期待,又能让自己接受,并为此全力工作,我多数时候会穿白衬衫。

在商务场合下,人们都说白衬衫最容易留下好印象,因此对许多人来说,穿白衬衫是他们应有的样子。

如果这样的装扮不会让你产生心理压力，那是没有问题的，但是如果这会给你带来些许紧张感，那么偶尔不穿也是很好的选择。例如，没有会议或者不需要见客户的日子，可以尝试穿穿彩色的或是带花纹的衬衫。"必须穿衬衫"的自我规定相当于不断禁锢自我保持你"应有的样子"。这种固有观念会在不知不觉中束缚自己，折磨自己。因此，**有时候仅仅通过改变你穿的衬衫，就能让自己的心灵从压迫中解放出来，从而变得轻松。**

我在各地结束了演讲和培训之后，到酒店会把工作用的西装换成休闲的衣服，如果是夏天就是活泼的带花纹的衬衫，戴上墨镜和大家一起去餐饮街。

同行的营销同事曾说："见波先生，这身打扮有点危险呀，可能会偶遇客户呢……"但是对我来说，这是我保持心态平衡的技巧。

演讲、培训再加上要给好几位客人进行心理辅导的长时间工作的日子里，我总会觉得自己被困在一个枷锁里。

这时,我就会享受成为和平时完全相反的自己,这样自然而然地就能保持内心的平衡。

当然,穿休闲的衣服不代表让你过度放纵自我,**而是让你敢于从日常的生活中跳脱出来,以保持心态的平衡。**

大家也试试看偶尔变成"反常的自己"吧!

🚫 9. 放弃勉强自己与讨厌的人相处

大家可能会有怎么也喜欢不起来的人,不恰当的责备或无意识的一句话,都可能成为你对他产生厌恶感的契机,当你意识到的时候,那个人在你眼里已经满是缺点了……有类似的经验的人应该很多吧。

讨厌的人如果是上司,那么去公司就会让你十分痛苦。然而,其实只需要一点点技巧,就可以改变自己的想法,控制你的情绪。

这是参加我的培训会的一位朋友的故事:

培训中会开展一个"认可活动"。这个活动就是要求大家写出工作上的上司、同事或者下属所获得的成就，抑或优点。这位朋友写了上司的优点。

他说他一直对上司有种厌恶感，但当他为了这个活动而思索了上司的优点后，他的厌恶感就被中和了。

当你真正尝试将某人的优点用文字写出来的时候，你就会仔细回忆那个人至今为止的言行举止，从各个角度来分析他的优点，所以你可能会意识到平时忽略的地方。尤其是对讨厌或性格不合的人，一般来说你只会对这些人存有负面记忆，因此，挖掘关于他们的好的故事是个非常费力的过程。

当你经过这种努力，你就会意识到对方的内在美，"讨厌其一切"的感觉就会淡化，最终你可能会发现"原来对方还有这样的优点啊"。这样你就能控制自己不好的情绪，预防厌恶感无止境地膨胀下去。

只盯住对方的令人厌恶的地方、收集对方的缺点的行为，就如同总是在心中说对方坏话一样。与此同时，你的内心就会被不快感所支配。

这在心理健康上是非常不好的。事实上,因此原因而不愿意去公司的人有很多。因此,偶尔看看对方的优点,在感情上找到一个折中的办法是非常重要的。

然而,对于有些人来说,即使经过种种努力,也无法找到其身上的优点。请不用担心,对于无论如何都不喜欢的人,就没有必要像对待其他人一样用心。因为没有什么事比勉强自己喜欢上讨厌的人更难!

这时避免往来是最好的方式,不擅长这种方式的人,**可以和对方之间构筑"屏障"**。如果不去树起心理屏障,对方有可能会横冲直撞随意踏入你的领地。

即你要有"禁止对方非必要不涉足自己的领地"的原则。在此基础上,**如果对方让你不愉快了,就扔给对方一句让他顿时哑口无言的话**,这就是构建屏障的第一步。

例如,当喜欢职权骚扰员工的上司对你恶语相向时，就告诉他"这句话真的很伤人"、"刚刚我受到了惊吓"之类的话，表达出自己因为对方的一句话受到了多么大的"创伤"。

但是要注意请不要说否定对方的话（否定对方的话可能会遭到对方的回击）。

当你说出这些话时，我想对方也会发生变化。这是因为他会在潜意识中感受到你们之间存在的无形的"墙"。如果面对上司的职场欺凌，你毫不应对，事态可能会变得更严重，所以尽早构建起"屏障"吧！

如果你没有这种意识的话，就容易被对方的言行左右，从而逐渐地卷入对方的节奏里，谈论着你不想谈论的事情，待在一起很长时间。这样下去你的压力就会越积越多。

但是，如果你下定决心"无论他说什么，我也一定要和他划清界限"的话，就不再会什么事都被对方左右。

你所设定的"屏障"的高度也可能会有改变。在了解对方的过程中你也可能会觉得可以更多地接纳对方了。**和对方的关系经常会发生改变，所以"屏障"的高度可以进行必要的调整。**

学会在与难相处的人之间构建"屏障"，这道"屏障"可以用来约束对方，使你不容易被别人冒犯。最终，你可能只会想降低它的高度，而不是抬高它。

简单来说，就是当你建立起合适的"屏障"，你就不会接受到来自对方的负面讯息，这样做的好处是，你不会进一步讨厌对方。虽然说人际关系是最恼人的压力来源，但是你可以通过这种方式来控制压力源头。

🚫 10. 放弃"总之先去二次会"的思维

职场上一般会有欢送会、忘年会之类的需要全员参加的酒会活动,或者是项目完成之后的庆功会,和比较熟悉的同事之间自发组织的酒会。

无论是哪种场合,都可能会再来一场二次会[1],大家平时多少参加过吧。

我们来列举一些参与者的主要的心理活动模式。你的心理模式和下面四种哪种最接近呢?

---

1 二次会:指在正式聚会后,转移阵地举行的聚会,有别于第一次聚会所举行的地点大多是餐厅、饭店这类比较正式的场合,二次会的形式相对比较轻松。

①喜欢参加酒会，所以一定会参加二次会。

②如果不去酒会感觉被大家排除在外所以参加。

③根据当时的情况决定。

④基本上不参加二次会。

选择②和③的人往往是内心最容易崩溃的人。那么选择①和④的人为什么会不容易有心理问题呢？因为他们有自己的"原则"。他们不会想着"总之先去看看"、"附和流程去参加"……漫无目的地决定自己的行动，而是根据自己的意志决定。

有自我意志和自我没有意志的人，在内心是否强大上有着明显的区别。内心出现问题而来进行心理咨询的人，很少会对自己的行为有着自己坚定的原则。

要拥有自己的行为准则，**需要仔细思考"这件事对我来说是否有意义"**。如果真的想去享受二次会的话，去参加对你来说就是有意义的事，但是随波逐流地参加就是无意义的。

例如，只在想与一同完成项目的伙伴或者关系亲近的同事一起喝一杯的时候才去参加二次会，像欢送会这类的公司惯例活动，基本上在一次会结束时就告一段落……首先应该制定自己的行为准则。

顺带提一句，我觉得无意义的酒会从一开始就一概不要参加。送别会之类的常规型活动的酒会也是如此。

当然，我不会说："找不到参加意义所以不参加"，一般会用"我有事无法抽开身"这样的理由来拒绝。

相反，如果送别会的主角是曾关照过我的人，在他离开前无论如何都想向他直接表达谢意的话，我一定会参加。如果时间不合适的话，我就会请求对方单独抽出空来。

我认为对于无意义的酒会，总之先找个理由拒绝也是一个准则。虽然说需要注意表达方式，但是没必要对拒绝这件事抱有罪恶感。因为你是"根据自己的意愿而选择了更重要的事情"。

如今对是否参加酒会已经能够做出取舍的我，年轻的时候实际上也是无法拒绝邀请，不管是二次会还是三次会，最后一定会参加的人。和现在相反，过去我的行为准则就是参加。

但是我后来意识到从这之中我什么收获都没有，反而是在每次判断酒会的重要性并进行取舍的过程中获得的东西要多得多。

所以，当需要做判断的时候，你可以问问自己："对自己来说最重要的是什么？"然而，能够明确辨识出自己最珍视的事物的人似乎格外少。

通过取舍选择能让你逐渐看清自己最珍视的事物。这样你将会对你的选择充满自信并付诸到行动中去。

这就是你正在将你的处事原则传达给身边的人。或许有人会对你的行动有负面的言论，但是你不会再介意这些，因为你已经对自己的选择充满信心。

这样自信满满地行动的话，身边的人也会渐渐了解你的行动方针，也就不会再介意你的举动了。

另外，对人际关系进行选择取舍，割断对自己毫无意义的人情往来，就会加深与珍重的人之间的羁绊。构建牢固的人际关系对培育强大的精神世界来说是不可欠缺的步骤。

即不是看与你有交情的人的数量，而是要重视与人之间交往的深度。

🚫 11. 放弃在电梯中保持安静

在新进社员的礼仪培训中,我曾被教育过"在电梯里要注意自己的行为。保持安静是一种礼貌。"

理由多为以下几种:

·多人同乘一座电梯,大声说话的时候会给别人造成困扰。

·和其他公司的人一起乘坐电梯时,有泄漏本公司信息的可能性。

·因为身上戴有公司的徽章或身份卡等等,不当的行为举止可能会使公司的名誉受损。

听上去确实有几分道理,但是一板一眼地遵守

"在电梯里要保持安静"的规定，并坚持实施下去会怎么样呢？

可能当你遇到那些不守规则的人的时候，会感觉非常着急，因为你把给自己设定的规则无意识地强加给了别人。

尤其是"不给别人添麻烦"、"防止泄露信息"、"保持本公司形象"之类的有良好依据做支撑的规定，让我们很容易认为，谴责那些不遵守这些规定的人是理所当然的。但是，过度思虑而苛责别人不遵守规则，也会导致压力的形成。

当然，并非说可以在电梯中大吵大闹。

但是，如果你并非是"因为要遵守规则或保持礼貌而保持安静"，而是把"在电梯中不应该做会打扰别人的事"作为自己的处事原则的话怎么样？

你需要认识到，你是顾虑他人的感受而主动选择这样做的，和自己想法不同的人，仅仅是价值观不同而已。

规则和礼貌都是这个世界上必不可少的事物，但不能简单认为"因为是规定所以要遵守"，而是在思考了遵守规定的意义的基础上，**再尝试先去判断这是否是"自己主动想做的事"**。这样，"本来是全员应该遵守的规则，只有自己傻乎乎在遵守"的不满情绪才会消失。

扔烟蒂的时候也是，不是因为顾虑到"禁止地区，请勿乱扔"的标语，而是先思考"自己想要怎么做"。这样你可能会意识到你本质上是由"不想弄脏道路，不想引发火灾，不想让小孩子捡起来不小心放在嘴里"来决定你的行为。

如果你明确了"自己想要怎么做"的话，即便没有规则自己也能根据场合做出判断，且会形成一以贯之的行为准则。

当你有自己的行为准则时，你就会信任自己，这时你的心态也会更加稳定。

🚫 12. 放弃"不能犯错"的想法

工作上努力不犯错的态度固然非常重要。但是,给自己下"禁止犯错"命令,抱着"任何事都绝不能出错"的想法去工作,我是绝不推荐的。

说来为什么你会要求自己"绝不能犯错"呢?首先可能是因为出错会被上司斥责。

"为什么出错了?"

"你怎么负这个责任?"

"我就不应该把工作交给你!"

发现错误的时候,上司如果这样炮轰式地责备你的话,确实谁都会害怕犯错吧。可能甚至连挑战新事物的勇气都会因此被消磨掉。

我经常会听到有上司叹气说道:"我们这边的年轻人都没有挑战精神",然而,当下属失败的时候都不认同他们的努力只是责备的话,他们当然会变得不愿意去尝试新的工作。

因为没有挑战就没有失败。所以是上司的责备方式造成了这种"对失败零容忍的职场"的形成。

如果你无法期待上司包容你的错误的话,**就给自己提高"失败容忍度"**。

首先,即便失败了被上司责骂,也请一定坚定地相信自己努力过的事实。"即使失败了,目前为止自己还是尽力了"这样去想来认可自己。只要做到这个,你的内心就不会崩溃。

你没有必要向上司表达努力过的事实。面对严加指责的上司,只需要道歉就好。没有必要让其他所有人都懂你的努力。

如果你重视被他人认可这件事的话,犯错的时候就会产生愧疚感。

仅仅一次错过了交货期而已，就觉得"自己当时的判断是错误的"、"自己沟通能力太差了"、"别人一定觉得自己能力差"……去降低对自己的评价。

相反，不想责备自己的人就会觉得"导致这次失败的是那家伙"、"自己没错"，用"上司的责备是不公平的"话来回击他人。

无论哪种都是没有"容忍失败"的能力，而被情绪左右的例证。

失败的时候，自己是什么样的反应？受到上司责备时，自己容易陷入怎样的思绪？注意到这些事情才是最重要的。

你的想法越客观，情绪化思维就越少。随之也就能够辨析出自己真正应该做的事。就能意识到失败的最主要原因，从而不重蹈覆辙。

不能允许犯错的人，会容易变成完美主义者。这些人会觉得"无论什么事都必须获得100分的成果"。

然而，让人困扰的是，似乎有许多人总把完美主义强加给他人。他们不包容别人的错误，而是逐一指出错误，因此身边的人可能会对其敬而远之。

对待所有的事都追求 100 分并不现实。如果你感觉到自己是完美主义者的话，请你尝试改变下想法，某些时候 70 分或 80 分就行。

这并不意味着随随便便地对工作敷衍，而是进行取舍，抉择出对你而言最重要的事。**即选择出你"想高质量地完成"的事情。**真正重要的工作即使目标定为 100 分以上也无妨。

当你做选择的时候，你会思考"什么才是对自己来说最重要的"这才是关键。这是我在心理辅导或培训的时候一直在重点强调的事。

只要你了解到自己不愿妥协退让的是什么，对于除此之外的事你就会觉得"人多少会犯错，虽然最后只做到 80 分，但也足够了"。这样能够允许失败的胸怀就得以练成了。

当然,总是重复同样的错误是作为一个社会人无法允许的事情。但是,"绝不能犯错"的思想过于强烈的话就会容易堆积压力。因为过于在意,所以导致错误反而不断增加。

不允许犯错的心情如果像枷锁将你紧紧地捆绑住的话,就试试自我松绑吧!

🚫 13. 放弃树立人设

我们都在建立某种形象,也就是说,我们都在努力扮演一些角色。因为我们希望被身边的人"这样看待"。这种心情完全没有问题。

最近对"树立人设"(扮演理想中的自己)感兴趣并且行动的人似乎很多。

但是有一些事必须要注意。

渴望"别人觉得自己有个性",往往是由于一个令人痛苦的事件引发的。

例如,在职场上受到粗暴的对待,被上司否定自己,有好感的人对自己不理不睬……诸如此类的事。

这些事情导致自己过于难受而无法忍受的时候，人就会出现防御反应，创造出让周围的人容易接受的性格。这可能有效，并暂时改善你们的关系。这时你就会舒服地享受做这种角色下的自己。

但是这种角色并不是"真正的自己"，而是保护自己的"盔甲"。如果你一直穿着它，总有一天你会感到勉强，会不得不摆脱它。

这个问题在于，**穿着"盔甲"的人几乎都没有意识到这件事**。来心理咨询的客户中，很多人在无意识中穿上了自我防御的"盔甲"，其实意识到身上的"盔甲"并舍弃它并不是困难的事。

当我们意识到"盔甲"的存在的时候就是我们准备脱掉它的时候。从那时开始我们才从心底接受"自己没必要被所有人喜欢"。**只需要被自己真正重视的人所认可就好**。

如果你重视的人还没有接纳真正的你的话，只要改变行动和态度就好。这和建立另外一种形象是两码事。

极端一点说，即便你觉得和公司几乎所有人都不能相互理解，只要有一个人能够相互信任的话，就能够不灰心丧气继续工作。与只有在伪装自己的时候才能相处的多数人相比，能在对方面前展示真实的自己，并让对方能接纳自己的那一人，才是最为重要的存在。

隐藏真正的自我去"创造"个性，会让你寻找真正信赖的朋友变得困难。这是非常不值得的事。

我相信，生活的本质是去和那些渴望真实的你的人之间培养关系。

当然，表现出真实的自我并非让你做事不顾周围人的感受，以自我为中心，而是不要过度迎合他人，或者过度疏远他人，将自己完全装在一个套子里变成一个陌生人。这在短期内可能确实能保护自己，但是最终也只是让自己处于痛苦中。

所以，当你放弃表现出的人格时，可能就会出现那个让你觉得有安全感的朋友。

🚫 14. 放弃"忙"不离口

你是否有时不自觉地想要表现出自己很忙碌的样子呢？忙碌意味着"现在手上有很多工作"，有时也可能释放出一种"我不能再承担更多的工作了"的信号。有的人可能会无意识地将忙碌说出口。

不管什么原因，有时你只是想告诉身边的人自己正在努力工作对吧。但是我认为，强调忙碌很少能给人的工作带来积极态度。

有如下的事例：

在同一个公司工作的营业担当E先生和技术岗位的F先生的工作都是向顾客推荐公司的服务。

营业担当E先生没有技术相关知识，所以F先生根据各个顾客的情况，准备了系统说明资料。E先生就将这些资料整合成提案书的形式并和顾客进行了预约。仅仅考虑工作量的话，客观来看，在这个项目中，F先生的工作量占八成，E先生的工作量占两成。由于是要向多个顾客提案，所以F先生的负担似乎十分巨大，但不管怎样他还是想办法完成了。然而E先生却总是说"太忙了、太忙了"，面对F先生时也抱怨"太累了吧，已经是我极限了"。

听到这些的F先生觉得："你明明工作比我少，怎么还这么说，为什么要这么强调你的忙碌？"为此十分不愉快。

其实E先生对谁都是那个样子，没有人会觉得E先生是这种"能够做好许多工作的能干的人"。但是和他在一起会感觉有压力，导致身边的人对他避而远之。把忙碌放在嘴边**会在无意识中让别人疏远你**。

或许E先生完全没有恶意，即便比别人工作量少，但他确实觉得已经忙到极限了。另一方面，F先生却绝口不提"忙"这个字眼，而是想尽办法完成工作。这两者之间为什么会产生如此的差异呢？

单纯觉得是能力差距大去下结论还为时尚早。而是两人的工作的态度有差别。

首先，F先生不去抱怨不满是因为感受到了自己工作的价值和意义。**那些确信"做着自己喜欢的工作"，并认为履行自己的责任是有意义的人，不太可能感受到忙碌的苦楚。**

这样的人是主动去做工作，并非被工作左右，而是自己主导工作。他会去把握工作的整体情况和各个业务的处理时间，制作任务清单决定优先顺序，在提高工作效率上下功夫。

如果能做到这些，即使工作量变多他也会相信自己能做到，实际完成任务后他就会感受到成就感。F先生的工作方式是这样的。

相对地，E先生却没有主动接受工作，而是带有

"被支配感"工作。一直无法找到工作的意义的话，他就会听之任之地推进工作，而不会想去努力提高工作效率。

当错误或者意外状况增多，压力容易累积，他就会感到忙碌的痛苦。甚至由于担心"是否能赶上截止日期"、"自己是不是不行"，而变得惴惴不安。虽然他可能认为"自己虽然很忙却仍然在努力"，但是因为身边的人对其的评价日益变差，内心不免产生落差感。

像E先生一样被工作左右的人，和像F先生一样掌控工作的人之间，当然是F先生这一类的人的心理复原力更强。

此外，F先生的工作方式更容易获得成果和评价，随之也会带来自信和充实感。更重要的是，相比E先生，同公司的人会自然而然地更想要助F先生一臂之力吧。如果职场上的同事们要有这样的想法与你相处，工作的烦恼就会减少很多。

实际上，当工作量实在过多而让你无法负荷的时候，向上司表达出你的困难而请求帮助，当然也是很有必要的。

但是，如果他人都能负担的工作，自己却觉得"不行了，已经是极限了"，总是把忙碌放在嘴上的话，那么就请你暂时停下脚步，好好思考下，目前的工作对自己来说有什么样的价值和意义。一份工作你觉得是否有价值和意义，与你单纯对它是否感兴趣是要分开考虑的。

如果你发现了至今为止都没有发现的价值，即便其他的情况一如既往，你内心的负担感也会急剧减轻的。

🚫 15. 放弃自我反省

"自我反省"是不必要的事情,我一直这样认为。

重要的是改进,而不是反省。反省不可避免地会引起自己的自责情绪:"为什么那时候没能做出正确判断?"而改进是为了将解决方案落实到位,即"下次我要这样做"。**反省是"面向过去",而改进是"面向未来"。**

因此,基本上你不必感到抱歉。我们应该勇敢地放弃因为失败而感到愧疚的想法。

话虽如此,现实中许多时候仍然会有上司要求你反省自己。

"为什么没有确认一下？""怎么不来汇报一下？"因过去的行为而没完没了地斥责你的上司，就是想让你反思。对于这种责备声，你也不必听取。只需要明白"他的关注点在于过去"，然后当耳旁风过去就好。

　　只是，如果他提到"今后你认为要怎么做"之类的与未来的行动相关的话题的时候，请你认真倾听，并表达出自己的想法。

　　不幸的是，从来这里心理咨询的客人们的话语中，我发现绝大多数上司似乎都是"面向过去"的。

　　不要担心上司的训斥，尽量不要认真地记在心中，也不必刻意解释道："我只是想更加注重未来，相比较反思，我更想思考今后的改进方案。"即使你这样说对方也不一定能理解。

　　我们都希望能获得别人的理解，但是不会理解他人的人，无论怎么解释都不会理解。你越试图解释，他们就越是攻击你，你只是白费力气。

另一件重要的事是，**受到责备的时候，不要低头向下看**。因为，当人在被批评的时候低着头，情绪会更加低落。

你可以注视着对方的眼睛，试着把"面向过去"的斥责当作耳旁风，然后在脑海里反复思考自己未来的改善措施。这样的话，当话题转向"未来"的时候，你就可以流畅地说出自己的想法。

对于无意义的斥责或对自己人格侮辱的职场霸凌，最有效的方法就是"左耳进右耳出"。为了做到这点，你需要有自己的主见。以刚才的事为例，就是决定"自己选择面向未来"。

如果没有自己的主见，就会被对方的气势所淹没而无法做到充耳不闻。你要试着有自己的做事原则，可以告诉自己"我就是这样的"。这是我在心理咨询时经常强调的东西。

另外，即使被年长的人、社会地位高的人或者公司里很强势的人斥责，你也不用觉得"因为自己人微言轻"而无条件地承受所有的话。适当地让它过去，选取对自己真正重要的话听取才是最重要的。

🚫 16. 放弃模仿成功的人

那些著名企业的创立者是如何使公司发展起来的？那些创立了个人企业的企业家是如何思考的？

有许多人对这类所谓的"成功人士"的工作非常有兴趣。有名的经营者的著作经常会成为畅销书，从这个事情中可见一斑。

这些经营者的书籍中一般会提出许多可以借鉴的具体的建议。读到这些，大多数人可能会有恍然大悟，相见恨晚的感觉吧。

接下来你会怎么想呢？

"这里我想要模仿他"还是"这里我应该模仿

他"呢？

觉得"想要模仿"的人，内心中有自己的信念。即使他们没有知识和经验，但对自己想要的生活方式有个清晰的概念，会想要模仿任何与其相匹配的事物。这不是简单地"模仿"，而是"学习"，它可以将其汲取并融入自己的生活中去。

另一方面，"应该模仿"的想法是容易逼迫自己的思考方法。这不是择取最适合自己的事物，而是陷入全盘吸收成功人士所提到的事物的陷阱里。

你越盲目相信"成功的人所做的事一定正确的，所以应该几乎全部模仿"，就越会发现你离你的目标越来越远，过不了多久你就更加失落沮丧。

我猜可能是没有意识到自己沉浸于"应该"的想法中的人数比较多，在此，也请各位试着检查一下自己的思考方式吧。

请回忆一下你最尊敬的人，然后说出你尊敬的理由。

你的脑海里会浮现出谁的身影呢?在这里我要提醒一下那些列举出名人或历史人物的人。

如果你曾经真的和这个人见过,并在和他相处的经历中觉得对方值得尊敬,我觉得无可厚非,但如果你是以"社会评价"或"功绩"为依据的话,或许是因为他是个值得尊敬的企业家,所以列举他的名字,能够彰显你高远的志向。

如果有人问我最尊敬谁,我会想起好几年前在长野偶然遇到的一位叫作"次郎"的老人家,他是我年轻的时候换工作之际遇见的,当时我正在长野的滑雪场工作,几个月后入职新的工作。

当时正好和妻子一起在那里逗留,次郎先生对我们十分热情,这让我们惊诧不已,不敢相信我们只是偶然认识的关系。

我想,或许他是想鼓励一下努力奋斗的年轻夫妇吧。工作结束我们离开长野之后双方也不会再有机会见面，所以我们都没有斤斤计较什么。

但一想到他单纯地想要给予我们帮助的心情，就会被他每一份行动、每一句话所感动。所以在我心里，没有人比他更值得尊敬。

我认为当有一些具体的互动深深地触动到人心的时候，人们会最直接地感受到对某人的尊重。因此，让你从内心感到尊敬的人应该是身边的人，或者是遇见过的人。

当你将其视为"最尊敬的人"的时候，就应该会尤为重视自己独一无二的感受、想法。这就会使你产生"我想成为这样的人，我想要这样的生活"的想法。

当然，即使是没有见过的人，在各种媒体上看到的人的生活方式和工作态度，也可能会引发你的敬意吧。那时你要冷静地分辨自己的内心是否真的有受到触动。

了解成功者的思考方式是非常好的经历。模仿他们也是成长的第一步。但是"我应该模仿"的理念会对自己的内心造成压力,这一点也请铭记。

🚫 17. 放弃"必须睡足 6 小时"的观念

"应该"的观念潜伏在你的脑海中,无意识中就会给你造成压力。

对于睡眠你是怎么看待的呢?是否认为"最少应该睡足 6 小时"?

压力的影响首先体现在睡眠上。过于在意睡不着这件事反而会增大你的压力。**即使每天没有得到一定时间的睡眠,也请不要在意。**

即使你夜里睡不着导致白天睡眠不足,但正因为这样第二天你可能反而变得更容易睡着。如果你认为一天睡 6 小时以上对自己来说是最好的,而当天只睡了4小时的话,第二天只要调整到能睡8小时即可。这就是我所推荐的**"两日单位睡眠法"**。

以两日为一单位来看待睡眠时间的话,即使"今夜睡不着"你也会觉得没关系,这样你对睡不着的焦虑和不耐烦就会减少。

但是,第二天、第三天继续睡不着的话就会相当痛苦,所以,为了更好地入睡而做出多种准备是十分重要的。现在,我将在我的培训课程和心理咨询中提到过的,如何获得优质睡眠的秘诀总结给你。

· 犯困之后再进入被窝

你是否因为"明天还有工作,差不多就睡觉吧"而在不困的情况下缩进了被窝?

"我必须要睡觉"这样的想法会带来焦虑感,反而会让你更难以入睡。所以请等到**有睡意的时候再进入被窝**。

此外,**明确区分睡眠环境和非睡眠环境**也是非常重要的。请尽量避免在卧室里娱乐或者看电视，做到床和被子只在睡眠时使用。这样，当你置身于睡眠环境时就很容易进入"睡眠模式"。

·夜晚避开蓝光

电脑和手机的蓝光有令人兴奋的作用，因此睡觉前避开为好，我想大多数人知道这一点。

虽说如此，离开公司瞬间就一直盯着手机屏幕，回家后就打开电脑处理未完成的工作、检查邮件，这也是不可避免的。

尽快入睡最为重要的就是放松，实现这一目标最重要的是提升自律神经的副交感神经。

蓝光的刺激作用反而会促进交感神经兴奋，对放松来说会带来相反的效果，所以更别说盯着蓝光屏幕工作了。

在放松状态下睡觉，不仅能让入睡变得更快，同时睡眠也能更加深入。在交感神经占主导的睡眠中，你的睡眠会变浅，且即使睡够了充足的时间，仍然无法消除疲劳。

总是无法入睡，或者睡着了也无法缓解疲惫的人，请试试看**在睡前 2—3 小时远离手机和电脑**。

提升副交感神经对于心理健康十分关键，在第三章中，我将会详细叙述。

· 白天尽量出门沐浴阳光，进行运动

每天充分得到阳光照射的人，很少有晚上入睡困难的。他们很清楚，经过清晨或白天的阳光的照射，能分泌促使夜晚入睡的荷尔蒙。

当然，睡眠质量同样因白天的运动情况而变化。白天只做单调的工作，几乎不活动身体的话，当然夜晚就会难以入睡，因为你的身体和头脑并不太需要睡眠。

只是，优质的睡眠能够缓解压力，所以大家才想积极地改善睡眠。如果在白天有意识地运动消耗体力的话，晚上就能获得深度的睡眠。

有时睡眠时间会缩短，你也不用过度介意这件事。但是如果已经感觉身心不适，却还固执地觉得"在床上看电视是我一直的习惯"、"毕竟是办公室工作，所以无法出门"，不去尝试努力提高睡眠质量的话，那就实在太可惜了。

不关心自己的睡眠质量无异于亲手"打造"脆弱的内心。相反，能维持高质量睡眠的人一般都是离抑郁症最遥远的人。

我在对有抑郁症倾向的人进行心理辅导时，不仅会询问其睡眠时间，也会关注其睡眠质量。对是否有入睡困难、半夜睡醒或者醒得过早等情况一一确认，并采取相应的措施。

这样就可能会改善一个人的抑郁问题。睡眠质量对人内心的影响就是如此之大。

只不过，一旦你的内心完全崩溃，身心处于混乱状态，这时候改善睡眠质量就十分花时间。所以请尽早开始关注你睡眠质量的变化,自行采取相应的措施,或者去看专家门诊。

🚫 18. 放弃"职场不相信眼泪"的观念

各位对于在工作中流泪一事是如何看待的？

我在培训的时候从参与者的反应中感觉到，似乎"在工作中哭泣是很难堪的，即使你正在经历一个艰难的时期"的想法是主流。

尤其是男性，许多男性都曾被教育过"男儿有泪不轻弹"，因此他们倾向于认为"喜怒不形于色是男性应有的姿态"。女性也因为常被说道："女性动不动就哭"，所以忍耐的人较多。

在工作中当着别人面哭确实让人有所忌惮，但是为了减轻压力，练就有高复原力的坚强内心，稍微用积极正面的眼光看待这件事比较好。

流泪可以缓和我们当时的负面情绪。伤心的时候，痛苦的时候，强烈愤怒的时候，泪水会不自觉地流淌出来，这时的眼泪中蕴含着压力物质。

痛快哭出来能够排出这种压力物质，所以哭完之后心情就会轻松不少。 此外，当你哭泣时，你的身体是由交感神经占主导的，**而哭完之后副交感神经立刻占上风，所以你的情绪会随之平息。**

在职场上遇到难过的事情时，与其强忍泪水，不如躲在厕所之类的旁人看不见的地方痛快哭一顿，这样更容易转换糟糕心情。

忍着想哭的心情直到回家的话，这过程中你的情感会持续处于压抑状态。如同在第2节"放弃忍住抱怨"中提到的那样，**应该养成释放情绪的习惯，而不是压抑它，这样就不会给心灵造成不必要的负担。**

对于无论如何都抵触在工作中哭泣的人来说，

我推荐"**周末痛哭法**"。利用周末的时间，去看一场感人的电影、电视剧或者书籍，促使自己大哭一场。将压力物质和泪水一同排除的话，会提升副交感神经，继而会促进深度睡眠，这是一石二鸟的方法。

可见，正确了解眼泪的作用也是提高心理复原力的要素。

🚫 19. 放弃"不论好坏盲目夸奖别人"

大多数人都知道职场中建立相互信赖的人际关系的重要性。

为此有些人总会毫不吝啬对他人的褒扬。赞美某人,就算是社交辞令或奉承,也肯定能使事情更顺利进行。正因如此,这些人时常不忘记赞美别人。

肯定别人的话语,在心理学上叫作**"正强化"**。发起正强化的沟通能够促进良性循环的交流。虽说赞美一般是好事,能促进正强化,但如果你没有发现优点,却强迫自己"必须要夸奖一下对方",这不仅给自己徒增压力,也不一定会使你们之间的关系变好。

假设第一个人首先在心中搜寻对方可夸奖的地方，然后开口赞美对方。

例如，夸他当天的衣服或随身携带的物品，这时对方可能很开心，也可能没有表现出开心，那么你就可能因此而失望。

失望是因为，相比发自内心的夸赞，实际上你的心底掩藏着小小的私心，即希望通过让别人开心，对自己产生良好的印象。

期待有回应的夸奖的语言是会被人本能地察觉到的。无论发起多少次正强化都导致这样的结果的话，"夸赞"的行为也不会促使信赖关系的建成，反而导致压力增大。

我认为，如果这件事都到了带来压力的程度的话，不如放弃勉强夸奖别人。**与其过分关注别人，给予过多的赞美，不如只在了解到对方最重视的事物，以及他们内在美的时候，赞美别人。**

所以我们应该怎样做好呢？**首先不是去夸奖别人，而是尝试了解别人。**

这样你就能逐渐看出对方的为人和素养，到那时，对方的优点也会更多地展示出来，但是这非常有可能只是靠近对方"内在美"周边的特质，通常情况下，当你试图赞美这一点时，往往不能很好地表达出来。

如果你有耐心，并试图多了解一点对方的话，你最终会看到对方的"内在美"。当你发现这之后就会由衷地想夸奖对方，这样的话对方一定会留下深刻印象。我想这才是真正意义上的心意相通。

只有在你真正深入理解对方和其行为举止背后的意图时，才能对其美好的内在进行赞美。因此，赞美的频率不可避免地将受到限制。

此外，表达夸赞的时机并非越早越好。没必要当场说出口，**传达出你最想表达的**是最好的。除了褒奖之外，感谢和道歉的话语也是如此，**通常来说**

时间过去越久，越有可能直击对方内心深处。

试想一下，"那时候你的行动真是太帅气了"、"多亏了那时你的一句话，真的拯救了我，谢谢"、"那时真的抱歉，一直想和你道歉来着"，类似这些话，多日后、多年后甚至数十年后别人这样对你说的话，你会是什么样的心情呢？

难道你觉得仅仅这一番话就能加深你们之间的关系吗？

正强化是主动"递出"，是交流沟通中的必要环节。但是，想要建立真正的信赖关系的话，在能做到夸奖别人内在美之前，请试着深入地观察对方。

20. 放弃为了提高技能而学习

越是认真和优秀的人,越是习惯积极地学习来提高能力。他们看似是为了"提前考好证书","将来可能用得上",但仔细聆听他们的话我发现,似乎还存在对未来的担心和不安的原因。

我们来客观地观察自己的内心,如果你觉得学习的动机是来源于职场上的评价、焦虑、不安等因素的话,这种学习最后可能会给你带来巨大的压力。

我认为学习有两种类型。一种是能够明确"为什么学习"的意义和价值,另一种并非如此。

我们都是从还不懂学习意义的时期开始的学习。

小学时期没有人能说出"学习对自己来说有这样的价值"的话吧。大多数情况下是为了在分数和偏差值上获得成就。在学习基础知识的时候，这不失为一个非常好的观念吧。

但是带着这种观念进入社会时，为了结果，为了得到认可，或者为了缓解不安和焦虑而学习的话，当你碰壁时，你会觉得自己的内心在土崩瓦解，质问自己"我在为什么而学习"。我在心理辅导中见到许多人有过这样的经历。

明确自己职业生涯中的目标，清楚自己现在的学习正是为了实现目标而不可缺少的一环的人，不会对学习感到太多压力。即便稍微遇到不顺，也很少会轻易受到打击。因为他们自己内心认可这是为实现自己的理想而学习。

在为了考取可能有用的资格证而学习之前，首先应该认真思考自己的人生目标。在此基础上，为了达到这个目标，明确自己现在应该提前准备的事情,再开始比较好。

在第二章中也会详细提到,我觉得思考人生目标,对建立牢不可破的内心来说是最重要的事。

🚫 21. 放弃执着于争强好胜

前面我提到将别人的评价和不安感作为动力，内心会变得容易崩溃，所以我不推荐从竞争意识出发的学习。这里的竞争意识不是指积极向上的与人切磋琢磨的态度，而是把"赢过对方"作为目的。

有些人认为，执着于在工作中胜过他人有时能够获得一定的成果，所以将输赢作为动力是没有问题的。

但是，竞争意识过于强的话，在"失败"的瞬间，其自信心也会以令人吃惊的速度降低，且容易陷入嫉妒、焦虑或者不安之类的负面情绪中。

尤其是当上司有着好胜的心理时。事实上，喜欢职场霸凌的上司大多执着于与人争强好胜。一旦上司在指令内容和评价标准中掺杂了好胜心的话，下属的压力就会相应地增大。

或者，有人会因为受上司的影响而产生较强的竞争意识。所以，早日了解输赢思维的弊端，不要受其影响，才是明智之举。

本来，竞争意识就是产生不必要的对立的根源。当你想与他人竞争时，周围的人都成了对手。只要产生了对手意识，就少不了嫉妒别人的成功，或者在别人犯错时幸灾乐祸。自然你会更容易在一些琐碎的事情上和别人产生纠纷。在充斥着对手的职场上，人际关系淡薄，更别说实现心灵相通的交流。

在这种职场环境中，怎么可能不产生心理健康问题呢？见过了各种各样的公司后，令人担忧的是，现实中这种职场绝不少见。

当输赢意识被带入职场，如果没有"在竞争中相互提高"的意识的话，最后也会导致心理疾病。

激励自己而又不变得争强好胜的一个好办法，就是拥有自己的目标。当你专注于自己的目标的时候，你就不会认为自己是在与他人竞争，即使你置身于一个喜欢煽风点火鼓舞下属内部互斗的上司手下。

在第二章中，我们一起来仔细思考如何找寻人生的目标吧！

我的感悟

第二章

强大内心的基础

拥有坚不可摧的内心的人的特征

在第一章中,我提到了建立不容易摧毁的内心的关键和秘诀。

做到这些只是提高心理复原力的第一步,然而如果我们只考虑当事情发生时的应对措施的话,我们将不得不想出无穷无尽的应对办法。

这样一来就成了"对症疗法",实际上我们需要的不是这个,而是"根本疗法"。

第二章中我们一起来思考关于提高心理复原力的根本方法吧!

内心复原力高的人,也就是拥有牢不可破的内心的人有着什么样的特征呢？

最容易想到的特征是，有"高度积极性"。我没有看到过积极性很强，充满干劲的人陷入精神问题中的例子。

但是，维持高度积极性并非易事。现实中也有很多人因为积极性持续低下、提不起干劲、如何提高部下的积极性之类的问题来咨询我。

似乎很多重视心理健康的企业都会计划开展提升积极性的培训活动。

积极性的高低是由什么因素影响的呢？

首先，提高积极性必不可缺的是"目标"。目标越高，积极性越强。没有目标，维持干劲都很困难。

但是，并不是说目标越高越好。如果目标设定过高，让你觉得实现可能性很低的话，你的积极性也会瞬间降低。所以，**设定的目标是要能够让你觉得"努力一把也可以达到"，这是十分重要的。**

找到达到目标的价值也是必不可少的。如果完全感受不到达到目标的意义，即使有目标也无法铆足干劲。

就算设定了感觉可能实现的目标，并找到了为此努力的价值，如果你没有从心底认可它的话，积极性也会下降。因此在着手做的过程中，是否能够拥有舒畅的心情是非常重要的。

提高积极性需要有：①**实现的可能性**；②**感受到目标达成的意义**；③**对这一目标的认可度高**。怀有这种目标的人内心更加坚强，可以维持较高的心理复原力。与此同时，职场上的表现也会更佳吧。

至于如何设定这种目标，接下来我将说明。在此之前，我有件尤为重要的事情要告诉你。

这就是，**目标不一定非得和工作有关。**

人生目标造就最强复原力

当我询问来心理咨询的客人们有没有什么目标时,几乎所有人都会回答:没有什么特别的目标。

也会有人答道:"公司的评价体系中有设定部门目标和个人目标",但是我所指的并非这种目标。

而是**你的人生目标**。不是作为业务的一环设定的目标,而是你自身设定的目标。人生目标是指生活方式层面上的话题,完全没有必要必须限定在与工作相关的事情。

如果我是在受企业委托开展的心理健康培训课上这样说的话,估计会有人感到吃惊。在公司的培训课上说到"目标"的话,当然是和工作相关了,很多人会这样想,却没想到出现"人生"一词。

"生活方式是个人的事,不应该带到职场上来"曾经是主流观念。但是,要培育强大的内心和高度的复原力,思考生活方式是必不可缺的。仅培养一身工作本领,是无法打造牢不可破的内心的。

"生活方式"看上去似乎是远离商业的哲学的主题,但是却是人的本能追求。参加培训会的人对这个话题最感兴趣,这一事实也证实了这一点。

人生中最根本的目标并不容易发现。但是如果一步一步地深入思考的话,它就会逐渐清晰。

要设定目标需要思考这样几个问题:**我想要什么样的工作方式?在我的生命中什么是最重要的?为此我应该做些什么**?

当你思考得越多你就越能看清自己工作的价值和意义,以及自己的人生信条。想清楚这些之后,你的内心就有了中心轴,这就是你赖以生存的

"根基"。

是否存在这种根基,对你的人生的影响是十分巨大的。人正因为有了内心根基,才能够抵抗压力,不以物喜,不以己悲,清楚自己真正需要的东西。最后,实现了心理复原力的最大化。

思考你无法放弃的工作方式

接下来我们来讨论一下具体该怎样行动吧!

首先我想让大家思考的是,**自己想要什么样的工作方式**。想一想你在工作中关注的具体事项。

例如,想要提高专业性,想要参与经营管理工作,注重保持生活和工作平衡,等等。

美国组织心理学家埃德加·H. 施恩把人们在选择职业时重视的价值观和需求以"职业锚"[1]理论,

---

1 职业锚:指当一个人不得不做出选择的时候,他无论如何都不会放弃的职业中的那种至关重要的东西或价值观。即人们选择和发展自己职业时所围绕的中心。

总结为八种类型。

请在以下列举的八种类型中选取自己认为最重要的三或四种类型。对照自己的能力、价值观和需求来思考会更容易选择。

① **技能型**

注重在特定的工作中能够发挥自己的能力和技术以及工作的专业化程度。在新的挑战中获得成长最能让你感到价值和喜悦。注重从事特定领域的工作，在这之中偶尔会积极进行管理工作，但是对管理本身没有兴趣。

② **管理型**

注重在组织中承担责任者的角色。统率不同能力的人，带领组织取得如愿以偿的成果时感到最幸福。从事专业性工作时，会把这当作未来成为管理者的必要经验来做。希望尽早做到管理岗位。

③ 自主、独立型

不受组织规则束缚，期待以自己的方式推进工作。十分重视自己的节奏，相比那些有细致规则的组织，更喜欢自由度较高的组织。为了保持自主地位，可能会放弃晋升机会。不喜欢隶属于组织，倾向于独立自主。

④ 稳定型

总是优先选择安定的生活方式。期望就职于终身雇佣的企业，认为持续稳定地获得收入十分重要。只要能获得稳定的经济，就会有很明显的尽可能满足组织的要求的意愿。有在特定地方长期生活之类的私人安稳需求。

⑤ 创新创业型

自己创立新的事业，或者开发新产品之类的事情能够让你感到愉悦。愿意克服困难，也愿意承担风险。创造出前所未有的事物最能让你感受到自我价值，希望通过此来证明自己的能力。对公司内的风险投资十分感兴趣，虽然身处公司组织内，但是有很强的创业精神。有独立意向，但和第③点的自主、独立不一样，重视创造性。

⑥ 社会贡献型

追求有社会价值的工作。从社会贡献中感受到愉悦，觉得能解决社会问题的工作很有意义。对启动新事业抱有兴趣，但目的不是发挥创造性而是社会贡献。可能会拒绝与这一价值观背道而驰的晋升。

⑦ 挑战型

觉得跨越巨大的障碍是最有工作价值和成就感的事。专注于难以解决的问题，找出解决办法时最有幸福感。不局限于专业性工作，重视挑战性。挑战自己就是目的,简单的工作会让你觉得枯燥。

⑧ 生活型

重视工作和生活的平衡。希望平衡好自己的需求、家人的需求以及工作上的追求。认为成功不是在工作中获得什么,而是过上丰富的人生。想要用日常生活、和家人的相处以及自己的兴趣爱好等来充实生活。

你了解自己追求的工作方式吗？

或许以上八条中与你相符的比较多，你会感到困惑，但是请思考一下什么是你最不能放弃的，并将范围缩小到四条以下。

缩小范围之后请你思考一下每种类型的重要程度比重。例如，"首先是生活型，比重是50%左右，其次是专业型，占比30%左右"，请转化成这样具体的数字形式。其实画成扇形图的话更容易整理，所以请试试在105页的圆圈中以扇形图的形式画出各自的比重吧。

自己究竟追求怎样的工作方式，或许连你自己也不了解。明确了适合自己的工作方式的话，就可以考虑与其相适应的工作计划，并且也能看清对自己来说更容易维持积极性的方向。

设定目标时，不要背离自己的职业锚是关键。若非如此的话，理想中的自己和真实的自己之间就会产生偏差，拥有目标反而会成为你的压力。

探寻"职业锚"① 从八个分类中选择

价值观、职业和需求	占比

转化为扇形图：

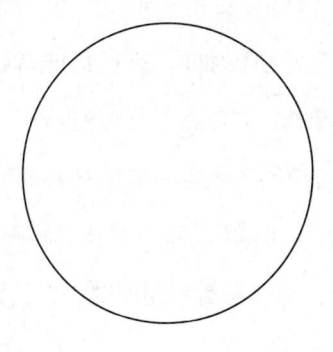

通过设定优先顺序而明白的事

接下来,让我们来审视一下自己的价值观吧!

这八种职业锚只是粗略的分类。各个类别里面包含的价值观细化内容如108页所示。从其中选择你觉得最为重要的,以此确定你的价值观的优先顺序。

从108页的所列的所有选项中选择四个对你来说很重要的事物,并按照优先顺序排列。

如果清单中没有合适你的内容的话,可以尝试自己添加,你也可以写得很具体。

例如,写"充实的闲暇时光"的话过于广泛,你就想想休息日做什么事最开心的。我尤其喜欢烧烤,所以就会列举出"和家人或朋友一起烧烤"这类具体的事例。

此外,和孩子一起度过周末、在床上度过周末、睡眠时间、安稳的老年、运动之类的,不同的人会有不同的价值观。

选出四个事项,按照优先顺序排列,你将会清楚地了解你真正想要优先考虑的东西,以及你认为有价值的东西。

探索"职业锚"② 思考自己的价值观
价值观的优先顺序

顺序	价值观
第一	
第二	
第三	
第四	

从以下的条目中选择自己优先考虑的价值观吧!

- √家庭
- √健康
- √充实的假期
- √自由
- √财产
- √社会地位
- √名声
- √知识和技能
- √内心安定
- √挑战

- √专业领域
- √诚实
- √事业成功
- √人际关系
- √管理
- √创造性
- √家庭稳定
- √兴趣
- √经济稳定
- √被社会需要

- √成长
- √创业
- √组织
- √幸福感
- √认可
- √被信赖
- √休养
- √感动
- √发挥作用

即使无法改变现状也能减轻压力

明确了自己的价值观之后会发生什么呢?下面我将通过真实的心理咨询案例来说明。

这是 A 先生的故事,在他公司主管请假之后,他被委任充当代理主管,直到其返回工作岗位。

对于 A 先生来说,这是他第一次做管理者。而且还是在自己原有工作的基础上增加的管理工作。管理全体的进度,给其他员工下指示,由于他过于想把这些工作做完却疏忽了本职工作,导致工作不能顺利进行。

A 先生来我这里咨询的时候,已经距离精神崩溃只有一步之遥了。因工作内容的改变而产生压力时,通过深入思考其所符合的职业锚类型,或许可以找到解决问题的线索。

我和 A 先生提到八种职业锚类型,让他去选择与之相符的类型。他所选择的职业锚,第一个是"生活型",第二重视的是"专业型"。

在仔细斟酌他的价值观时,他意识到"和家人在一起的时间对自己来说是最重要的"。

他告诉我:"我现在十分忙碌,几乎没有时间和家人在一起。偶尔在一起时,头脑里也光考虑工作的事情……因此让家人担心是我最难过的事。"

总结来说,即"自己感觉最幸福的是和家人一起度过的时间。只要有家人的陪伴就能克服工作上的压力"。

最初,A 先生的认知中其压力是源于被分配了不熟悉的管理工作。

至今为止,他积累了十多年的专业知识,如同运动员一样地专业，而公司要求的管理职位中却几乎没有能用得上自己的专业。A先生选择的另一个职业锚是"专业型"，这种类型的人通常会因为能够发挥自己技能而开心，而现状却成了A先生的负担。

但是，通过思考自己重视的职业锚和价值观，A先生知道了自己最重视和家人一起的时间，他想起工作日的晚上以及休息日和妻子一起度过的时间，是他最幸福的时候。虽然现在工作太忙没办法考虑，但是他也想尽早生孩子，建立温暖的家庭。

他虽然也有从事专业性工作的意向，但是与此相比，家庭更重要。工作上的追求对他来说并没那么重要。对他来说，为了将来能够抚养孩子，工作上获得稳定的收入才是必要的。将来或许管理会逐渐成为他主要的工作，所以现在的经验也并非无用……

A先生改变了想法。他在公司所要承担的责任和工作量一点也没有变化,但是压力却可以说减轻了。只有认识到对自己来说什么是真正重要的,才能在现状中找到折中方法。

看清无法妥协的事物,内心就会变轻松

要找到一种能满足自己所选择的职业锚的工作方式可能是相当困难的。并且,你的职业锚可能会随着年龄而变化,经历新事物之后也可能会变化。这是因为你可能会发现自己从未意识到的本领和能力。

试图在你选择的多个职业锚之间取得良好的平衡固然很好,但是一般来说,弄清自己绝不愿放弃的事物,从而剔除多余的事物,这样你的内心会变轻松很多。

A先生优先选择了"生活型"职业锚,认为与家人在一起是最重要的。为此,他觉得为了构建美好的家庭,安稳的收入是必备的,为了能继续工作获得收入,他才积极地着手管理工作。

当然,也有人选择的职业锚与A先生相同,只是把"专业型"放在优先位置。这种情况下只要想一想,为了能够继续在公司做专业技术类的工作,自己应该做些什么就好。

提高你的专业性声誉的一个方法是获得更多的知识。学习的价值是显而易见的,所以应该主动去学习。当你学习效率不断变高,你一定会感受到自己在快速成长。这时你可以把精力集中在对你而言重要的事情上,而不是为现实中的琐碎的压力所困扰。

关于最重要的生活方式的思考

到此为止,我们通过职业锚理论思考了"自己想要的工作方式"。或许大家已经注意到了,"工作方式"和"生活方式"是紧密关联的。现在让我们思考一下,你想要什么样的生活方式?

你的人生中最重要的东西是什么?为了深入探讨这个问题,我想让大家**"回想自己记忆深刻的事情"**。

刚刚举例的 A 先生在思考自己的价值观时,想到的是和妻子一起度过的幸福时光,他意识到"只有这个是自己无论如何都不想放弃,并且自己可以从中获得能量"的事情。

自己感觉最幸福的时候，即为自己的价值观最为满足的时候。并且，你所重视的回忆可以说是在构建自己的价值观。

在儿童期和青少年时期，我们的人格发展受到的影响最大。我认为，回忆一下那些时候的**"初始体验"**是非常重要的。

通过有意识地回想自己经常想起的情景和事情，你就能确定什么是对自己来说最重要的。并且也能帮助你深入了解自己。

很抱歉还是以我自己为例，对我来说初始体验是和家人团聚。当我回想起童年时一家人坐在被炉里吃饭的情景，就会被无法言喻的幸福感包围。因为都坐在被炉里，大家近在咫尺。母亲会让我多吃点，给我盛饭，我也能看见父亲和哥哥的笑颜。

这个回忆十分珍贵，所以对我来说，为了工作牺牲家庭是不可能的。我深切地感受到"家庭十分宝贵"这种价值观是源于家人团聚的初始体验。

重要的回忆会告诉我们如何轻松地生活

此外,**记住你在童年期和青少年期所热衷的事情可以帮助你确定自己的价值观和方向。**

例如,如果你有在学校参与体育活动的经历,并将所有时间花在训练上,你就会知道你在提高自己的技能中获得了怎样的快乐。

如果你十分喜欢手工制作,并且当你尝试制作一些你从未见过的新物件时,你发现时间过得很快,那么你就会感受到发挥创造力是件十分有意义的事。

印象深刻的回忆,一般是和心流状态(沉浸于对象事物中达到忘我的状态)紧密结合,当你去分

析当时的情况时，你就会知道"自己是在什么时候会沉浸于眼前的事物之中"。 所以请回想一下你什么时候会达到心流状态。

和伙伴一起工作时、一个人工作时、手工制作时、计算和分析时等，诸如此类。

请回忆下在同等情况下，过去你是否有在工作中达到心流状态。如果有的话，说明当时你感受到了这件事的价值。即便那是个有难度的工作，相比压力感，或许你更多的是感受到价值吧。如果你想起来的话，请填入119页的空格中。

回溯初始体验有助于你确定你的职业锚和重要的价值观。你选择该职业锚或价值观的具体理由就会随之清晰。你可能会发现一些不在你的价值清单上的，但你很重视的事物。

探索"职业锚"③ 回忆初始体验

初始体验

例如……

√最重要的时刻　　√最放松的时候

√最充实的时候　　√最开心的时候

回忆一下过往的经历、情景,并写在以下的空格里吧!

↓

优先做你认为的最重要的事,就是你追求的"生活方式"。

你越清楚什么对你来说是重要的,你就越能大胆地将其余事物割舍。这样的话,你就会变轻松很多。只有守护和追求你认为重要的东西才值得你花费精力。

我想,这才能帮助你树立真正的目标。

为什么那个人会让周围的人"心碎"?

或许有的人"想要回顾初始体验,却找不到美好的回忆"。我在给别人心理辅导时,有的人起初会告诉我"只能想起不好的回忆",但是当他们努力去回想的时候,就会发现事实并非如此。

一个人无论经历了多么痛苦的过去,也曾被别人支持过,总有人会在乎他。但是,有很多人并没有意识到这些。

每当这时,我都会尤为仔细地引导他们。因为那时的他们,内心处于防备状态之下,不恰当的方式非常可能触发他们的愤怒。

以下是我负责过的真实的心理辅导例子:

B先生曾是一个喜欢"霸凌下属的上司",这使他的许多下属出现了精神问题,他的上级认为这是一个严重的问题,让他去进行心理咨询,于是他很不情愿地去接受了心理咨询。

我询问道:"您有什么困扰吗?"B先生态度粗鲁地回答:"没什么困扰。我不认为我做的事是错误的。只不过别人让我来我才来的。"

我想无论如何也要让B先生打开心扉。他明显是一个容易令他人崩溃的人,但是这样的人应该也背负着巨大压力。虽然嘴上说自己没有做错,但他是否真的认可自己的行为,我对此存疑。

我无论问什么都得到了同样的回答,所以我放弃了工作的话题。

我问到他的家人,得知他既有妻子也有孩子。当我继续询问他最近和家人之间有没有什么开心的事时,他语气坚定地说:"我不知道。"然而我坚持追问:"肯定有的吧?请告诉我吧。你不告诉我,我就不让你回去。"

B先生一脸不耐烦说道："好吧……前两天是我的生日来着，回家的时候，刚好儿子在玄关那儿，看到我回来了，和我说了句生日快乐。当然，这也不是什么大事。"

"原来是这样啊，但是他真的是刚好在那儿吗？或许令公子从很久之前就开始想着您的生日呢？为了在您回家的时候说这句话，所以一直在玄关那里等着。只不过是您没有注意到他的心意呢？"

听到我的话，B先生怒不可遏地站起来。我做好被教训的准备继续说道：

"B先生，您在职场上是不是也一直没有考虑他人的想法呢？"

B先生沉默着坐下来。

在一段长时间的沉默后，他说道："医生，可以听我说几句吗？"他一边落泪一边说着小时候痛苦的回忆，幼儿时期他和父母分开，在福利院长大，并且受到欺负……

鼓起勇气必须要舍弃的事物

人一旦经历了痛苦的体验，就会穿上"盔甲"，封闭内心。为了不再被伤害，甚至选择用严厉的语言和恐吓的态度来面对他人。人在封闭自己的时候是无法感知别人的心声的。

由于B先生处于那种状态下，所以即使儿子祝他生日快乐，他也没有意识到那是段幸福的回忆。

如果你认为自己"没有什么快乐的回忆"的话，或许是因为你给自己披上了"盔甲"。但是，盔甲防御下的内心并不会变得坚强，甚至更容易受伤。如果是这样，如第一章中写的那样，你应该尝试着努力脱去它。

反复和B先生沟通之后,我尝试问道:"你还认为必须要将你的内心封闭起来吗?""医生,我想已经不用了。"他似乎松了一口气。

意识到自己一直以来都如同穿着盔甲与别人相处的B先生渐渐意识到,自己最珍重的事物是与家人一起相处的时间。

了解到对自己来说最重要的东西后,就能形成自己内心的根基和主心骨。这样,就可以通过至今为止未曾有过的视角去看待自己所体验过的事物。

B先生或许已经意识到,即使经历很多痛苦的过去,也有幸福的初始体验。在今后的生活中他的幸福感一定会增加吧。

这是因为B先生自己的生活方式正在改变。

对"未来的自己"的思考

对自己来说最优先的、无法退让的、绝对想要珍惜的事物越明确,你的内心根基就越稳固。通过重新看待自己希求的工作方式和生活方式,或许已经有人看到了自己目标的方向。

接下来你需要做的事是,**思考"我能做什么",以保护或获得对你重要的东西。**

我们再来回顾一下本章前半段中列举的 A 先生的事例。就是那位虽然因为管理业务而崩溃,但是再次确认重要事物之后,又找回了对工作的热情的人。

对 A 先生来说最重要的是家庭。为了保护家庭，所以必须要持续工作。为此，管理工作也是有从事价值的工作。这样认为的 A 先生，就能够让自己的价值观和工作都运作起来。**工作价值是由自己创造的**。经此，A 先生减轻了压力，又能回到以积极态度面对工作的状态了。

同时，A 先生也将目光投向了较近的未来。他表示"现在工作很忙没办法考虑，但还是希望尽早要孩子，组建温暖的家庭"。

认识到自己重视的事物的话，自然而然就会产生"那么为此我们应该做什么，我们想做什么"的想法。A 先生想的是不久的未来的事，但是我觉得有意识地思考十年后、二十年后这种稍远的未来的计划也非常重要。

也就是说，要描绘你 10—20 年后的蓝图（人生展望）。

未来我需要成为什么样的人，才能保持和获得对我来说最重要的东西？抑或未来成为什么样的人，我才能继续保持幸福呢？我们要思考这些。

无论怎样的人，过了10—20年，都会迎来人生的新阶段。所以，也可以说你是**"站在新阶段中想象幸福的自己＝描绘蓝图"**。

你对未来的设想不一定和工作有关。例如，你可能想"我想要这样生活"、"我想尽可能地从事我的爱好"或"我想和家人在一起"，等等，尽可能多方面地描绘你的人生蓝图。

当然，你也应该有个和工作有关的设想。工作的时候，可以对照自己所选的职业锚进行思考。

但是，我们需要注意不要描绘成一幅"你该有的未来"画面。有考取资格证、升职的愿望无可厚非，但也不要忘了问问自己，这是否会让你真正快乐。

重要的是思考你想成为什么人，而不是你应该成为什么人。

自己因何而幸福？

在心理辅导中，我时常让客户试着描画未来的发展蓝图。

如果不清楚自己认为什么是重要的，要清晰表达出自己的愿望是很困难的，所以在某种程度上，一旦你对你想要的东西有了一定的想法，就可以进入刻画蓝图阶段。

即使这样，距离你看见自己真正的愿望还需要花费一定的时间。

最初我们容易产生一些"物质上"的欲望。例如"想要过上能一年一次海外旅行的生活"或"想晋升部长"之类，如果你一开始有这样的想法也没关系。

当你的脑海里出现了这些愿望之后，请试着问自己**"这对我来说意味着什么"**。

如果你想过上能去海外旅行的生活，在心理辅导中，首先我会问"想和谁去旅行"。如果是和家人的话，我会让你明白"和家人一起旅行能获得什么"。经过几次交流之后，你可能会说"能看见家人幸福的样子"、"在和家人一起度过特别的时间时，自己也会被治愈"之类的话。

如果你深入思考从"晋升部长"的愿望中能获得什么的话，你会发现"被部下信赖"、"真实感受到自己在社会中发挥作用"等答案会出现。

这种"从中的收获（即让你感到幸福）"的东西就是你产生这种愿景的基础。

在经过回顾职业锚的选择和初始体验后，你已经可以明确什么对你来说是最重要的，但在你描绘人生蓝图的过程中，你的"幸福源泉"将会变得更加清晰。

描绘未来蓝图的 10 个问题

请不要指望一开始就能构想出一个完美的人生蓝图,这是反复思考的产物,是在每次经历中不断修正而得到的。所以我们要先从模糊的画面开始想象。

就以前面提到的例子,基本愿景的基础从早期的"晋升成为部长"变成了"深刻体会到自己在社会中发挥作用"来思考吧!

在社会上发挥作用,仔细想想的话,其实不通过工作也可能实现。或许退休后和在兴趣中都可以实现。这样就没有必要在工作中执着于实现晋升的愿望。

请想象一下"10年后,深感背负着社会责任的自己"。

然后再回答这些问题,我想就更容易描画你具体的蓝图。大家也请写下自己的答案吧。

①你觉得最骄傲的一件事。

②你最想做的工作具体是什么样的?

③你和谁的关系最重要?

④你最无法妥协的价值观是什么?

⑤你什么时候是最充实的?

⑥如何做能让工作和私事取得平衡?

⑦对你来说的"成功"是什么?

⑧什么时候感觉自己正在成长?

⑨小时候的梦想是什么?

⑩你在什么情况下或什么时候感到快乐?

回答了以上10个问题后,请在下一页写出你的愿望。

描画蓝图

例如……

√和最重要的人之间的关系　　√觉得最自豪的事

√职业和生活的平衡

√最重要的价值观　　　　　　√最充实的事情

√自我实现、成长

√最想做的工作　　　　　　　√人生所谓的成功

√梦、初始体验

……

___年后，我想成为这样
这样一来，我能够得到什么？
得到这些，我就能幸福。

试着写出你的愿望吧！

展望未来能减轻压力

总的来说,"蓝图"是关于"获得重要的东西"。你的人生蓝图不一定是针对工作的,但是将其与工作联系起来是非常重要的。

继续现在的工作对实现你的愿望具有意义。这样想的话,你就可以做到和工作联系起来。找出工作中对你来说有价值和意义的地方,这样你工作的方式和压力程度就会改变。

如果你找到了基本的人生愿望,但是无论如何都不能与工作联系起来的话,那就改变工作方式,或者考虑换工作也可以。

如果在心理辅导中遇到这种状况，我可能会推荐你继续进行职业咨询，帮助你换工作。通过重新审视你的价值观，可能会发现你更基本的愿望和才能。

树立改变人生的目标

描绘出未来蓝图后我们再制定具体的目标吧!

本章开篇已经提到,为了制定基本的目标,我们要思考"自己想要如何工作"、"我们生活的价值"和"为此我们应该做什么"。下一步终于来到制定目标的阶段了。

你将通过制定具体的目标来实现你的构想,但如果你的愿望很模糊,制定目标可能比较耗费时间,但你无须着急。

首先,在编织梦想的时候你的动力已经十分高涨。因为这是关于创造一个让你感到真正幸福的梦想，所以只要你一直向着这个方向，就能增加你对未来的向往与期待。

仅仅通过想象未来就有十足的效果。换句话说，只要选择一个职业锚或记住一个初始体验，对一些人来说就能起到激励作用。仅凭此，就能提高人们对压力的耐受性。

坦白来说就是"你可以不需要目标"，但是好不容易对未来有了期望，你还是会想要实现它。因此目标还是有必要的。

同样，在设定目标时，要确保**它是否有可能实现、是否值得实现，以及你能否积极地投入其中**。

此外，最重要的是，**这个目标基本上是由你自己来决定**。因为你的目标是成为你想成为的人，所以如果将他人的追求当作目标的话就是本末倒置了。

认识到你所珍惜的事物后目标就会改变

以下是一些关于我制定目标的故事。

对我来说，支持那些正在经历困难时期的人非常重要。学习心理咨询知识使我能够观察别人的内心，靠近别人内心并感受对方心情，我感觉这件事很有价值。

所以我开始想在公司里开展心理健康相关事业，这样员工就能更有价值感地去工作，在工作中感受喜悦与幸福。这就是我的愿望。

那么如何去实现它呢？我所渴望的是作为一名心理健康专家被大家认可。为此，我制订了以下的目标。

· 深入学习成为专家所需要的知识

· 成为专家并经常接受媒体采访

· 10年内出版10册书,并且让一本成为畅销书

你可以有任意多的愿望,如果你有一个以上的愿望的话,就请试着为每个愿望制订相应的目标。

现在我的核心愿望是这样的,但其实最初我的愿望是"想在滑雪场附近买房子"、"想买一艘属于自己的船去远航",诸如此类充满物质欲望的愿景。

当然并不是说我完全没有这样的愿望,只是要透过现象深入剖析自我,找到"对自己来说真正重要的是什么"、"自己因为什么感到真正的幸福",就能看到你真正的渴望。

明确你的愿望之后,设定目标并实现它就没那么困难。

达到目标所能获得的价值

朝着目标努力,就是持续关注自己最重视的事情。我们是能真切感受到自己为了某件重要的事情投注心血的,所以这不仅会提高你的自我认同感,同样会增强毅力和集中注意力。

这样你就不必为目标以外的事情所烦扰。即使被上司无意义地斥责,你也不会过多介意。

只要你持续关注你重视的事物的话,你就会把注意力放在这件事上面,不再介意其他的事情。

哪怕是只实现一个目标都会让你感到更强大。在实现目标过程中,你觉得最有价值感的事情是什么?

那就是,可以信任自己。能够信任自己的人,不会被心理疾病困扰。

对自己的信任,就是最强大的内心复原力。实现目标的意义就是如此重大。

绝对能达到目标的人一定会做的事

为了让自己内心更强大,你应该多尝试管理自己的行为来实现目标。关于管理行为,有许多指导类书籍里已经写到了,所以在这里我只简单地说明。

我认为这之中最重要的是阶段性目标和行动计划。

仅仅一味朝着10—20年后的目标努力的做法,会让我们很容易忽视我们已经前进了多少?距离目标实现还有多远的距离?那时如果你碰壁或遇到问题,就会容易感到沮丧。

因此要制订中短期的目标,明确你的目标达成时间，例如3年后、5年后，就可以预防这种事。这就是阶段性目标（参照下图）。

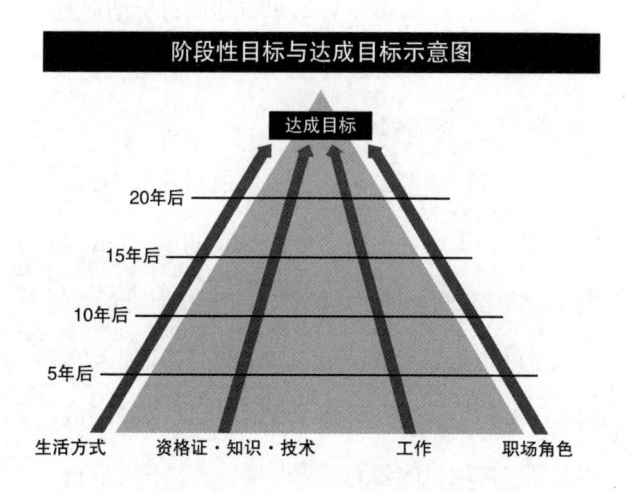

阶段性目标与达成目标示意图

达成目标

20年后
15年后
10年后
5年后

生活方式　资格证・知识・技术　工作　职场角色

达成阶段性目标会使得你的动力更高涨，并且可以成为你微调目标的时机。

行动计划就是为了达成阶段性目标的具体行动计划。基本上一年重新设定一次，制订好"到什么时候为止做什么事"清单。一个一个去实现行动计划的话，你就能够实现阶段性目标。

还有一件事对确保我们达成目标来说十分重要。

这是达成远大目标的人毫无例外都会做的事。

这就是，脑海里一直幻想着达成目标的时刻。即"不断想象"成功之后最为幸福的场景。并将它彻底地烙印在你的脑海中。

首先我们需要幻想达成目标时最幸福的时刻。例如对于在奥运会上追求金牌的运动员，什么样的场面会让他最有幸福感、成就感。这因人而异。

是揭晓金牌获得者时听到观众的欢呼声的瞬间？还是站上领奖台听到国歌的瞬间？抑或是被媒体包围、被相机的强光照耀时候？还是在为支持自己的父母戴上金牌的时候？

如果你清楚知道自己所期待的成功场面的话，就能够最大限度地强化这一场景。有许多强化的方法，诸如通过书面描写、与他人探讨然后让周边的人来帮助自己总结，或者给未来达到目标的自己写信之类。

这样去定下目标后，请你试着设想一个具体的成功的场面。然后不断想着这个场景，用尽可能高的频率去回想它。这样会让你的动力更加高涨。

内心强大的人能抛弃压力源

在实现目标的过程中,以及在寻找真正目标的过程中,你一定会建立一个"思想根基"。通过始终保持对重要事情的关注,你的心灵会变得更加强大。这就是我最想告诉大家的事情。

只要你有一个"思想根基",你就能通过自己的力量来摆脱压力源头。

你可能认为产生压力的源头是在自己的身外,实际上是在自己的身上。

即使你认识到重新审视自己是件重要的事情,也可能会被忙碌的日常生活包围而忘记。

当这种情况发生时，请试着唤起你的愿景和目标的最初体验。这可以帮助你再次想起自己最想优先考虑的事物。

此外，我们还需要提高我们的压力承受能力，这样我们就不会为那些对我们不重要的事情所动摇。

在第三章中，我将会告诉你如何应对压力，且不会增加心理负担的方法。

我的感悟

第三章

[打造能够
抵抗压力的内心]

为何如今提高抗压能力十分重要？

　　提高抗压能力就是加强我们应对压力的能力。在上一章中已经介绍了这方面的最基本的基础，但是也有其他各种各样的方法。

　　只要在生活中做出些小小的改变，改变你看待事物的方式和行动方式的话，就可以对你的精神健康产生巨大的影响。通过这样做，你将能用自己的力量去克服意料之外的压力。

　　加强抵抗压力的能力也是这个时代所需要的。

　　长期的经济衰退、业绩的制度的引进、公司之间竞争的加剧、年功序列制的废除，等等，我们的生活中交织着复杂多样的压力源头,让我们不得不应对。

在这种情况下,我认为很难继续保持上司花时间培养下属的旧习惯。现在,许多处于监督岗位上的人,除了要在自己的工作中做出成绩外,还要做一个管理者。所以别说他们没有时间培养下属,很多时候自己的苦恼和问题都压得他们喘不过气来。

从本质上讲,应对压力的精神力量是我们自己应该学会的,但有时我们自己并没有意识到。在有足够条件的工作场所,长辈和上级往往能够注意到下属的变化,并给他们提出建议,但是现如今是不大可能的。

当然改变职场环境、经营者和上司的意识是必不可少的,但是我们是最了解自己的情况的,养成提高自身抗压能力的意识更为重要。

压力产生——问题的核心在哪儿？

当你想要克服压力的时候，首先需要做的事情是什么？

这就是**"抓住问题的核心"**。

当你的内心不堪重负，快要崩溃的时候，你往往会把注意力放在表面问题上。

工作量大，加班变多，无法忍受上司给的压力，麻烦事过多，提不起干劲，诸如此类的问题。

但是，多数情况下问题的核心却另在他处。如果你没有意识到这些的话就无法找到解决方法。几个月过去了，在这些时间里你没有采取任何行动，最终就会出现心理问题……这种模式屡见不鲜。

产生抑郁症状等心理问题的话,恢复需要很长时间,但如果及早认识到真正的问题所在,你就可以在短时间内解决它,并改善你的状况。因此我们需要尽早养成在早期阶段意识到问题核心的习惯。

可能你会觉得抓住问题的核心很困难。

但是,如果你愿意面对自己,其实并不是那么困难。以下是我自己在心理咨询实践中的一些例子。

这是在IT企业工作的A先生的故事。A先生曾经是基础设施的技术人员,是负责处理网络和服务器问题的系统工程师(SE)。与基础设施工程师相比,还有一种叫作应用工程师的技术岗位,后者主要负责应用,二者所需要的知识完全不同。

A先生是花了10年多时间积累了基础设施相关知识和经验的人。

A先生来我这里的时候,看上去已经是积累了相当大的压力。

近几个月，他加班时间每个月高达 100 个小时，虽然已经很累了，夜里却睡不着，这种状态持续了数周。

"我早上起来十分痛苦，迟到次数也变多了。最近有时会突然地想要请假休息。这个频率越来越高……医生，我这到底是怎么了？" A 先生百思不得其解似的问我。

单听他说的情况的话，看上去像过度劳动。但是根本问题却在别处。

本人未察觉"真正的问题"的原因

继续进行心理治疗后发现，前几个月 A 先生被分配到新的小组中去了。

这个组正在着手开发的项目似乎需要应用工程师所必备的知识。一直专门从事基础设施工作的 A 先生突然被要求提供与自己领域不同的知识，所以无法高效地完成工作，加班时间不断增加。

客观来看，A 先生所面临的问题的本质并非过度劳动，而是"现着手的项目必备的知识不足"。

他一直坚持想办法用现有的知识应付工作，正因为如此，他总是十分吃力，每当检查进度时，他都感觉压力很大。

这种情况下，首先本人要正视本质问题，然而许多人无意识地回避了。因为这会让"可悲的自己"完完整整地暴露出来。

尤其是那些具有强烈的"应该"思想的人，他们没有成为自己应该成为的人，这令他们很苦恼。通常情况下，即使在他人看来问题已经非常明显的时候，本人仍然没有意识到（或者是不愿意意识到）。

也许有人会认为"A先生去学习应用软件知识不就好了吗"，但那是条非常残酷的道路。

A先生经年累月学习基础设施工程师知识，取得了必要的资格证，并跟上不断发展的技术。如果想要以同样的方式学习应用软件知识的话，需要做大量的工作。

虽说如此，如果他以现在的样子继续工作的话，只会更加陷入痛苦的状态中。如果选择在现在的公司继续工作，A先生就只能下定决心"在这条艰难的道路上勇往直前"。

经过多次心理辅导之后,我询问道:"对上司坦白现在的工作自己知识不足是否是可耻的?被认为无能是否让你非常痛苦?"

A先生似乎恍然大悟,开始注意到自己不曾想面对的内心。然后,他终于理解了自己的根本问题是"无法直面自己无能为力的事情"。

当你意识到这一点并认同时,你才会愿意主动行动起来。这样就能从根本上发生"行动改变"。

目标意识让内心更强大

当我们探讨问题的核心时,明确"你看重什么"非常重要。如同第二章提到的,了解什么价值观对你真正重要的话,你就能找到你的目标和未来构想。我也让 A 先生思考了这件事。

最后 A 先生决心"学习应用软件知识",至于具体应该学习什么,他决定和项目管理人谈谈。

或许有人会觉得自己不被团队需要,可能在公司没有什么地位。但是,保持现状只会让痛苦的状态持续下去。因此只有鼓起勇气说出来。A 先生就是如此选择的。

我让 A 先生把担忧的不安因素全部说出来，并和他一起思考如何克服这些问题。最后让他把要和项目经理商谈的详细画面在脑海里构想好，以此为基础和对方进行沟通。

项目经理表现出出乎意料的表情，这有可能成为新的压力来源。但是 A 先生已经认识到"自己最重视的事物"，在此基础上他才决意要"学习应用软件相关知识"。因此他的内心已经变强，现在激情高涨。处于这样状态下的人，即使遇到艰难的局面也能够度过。

当你持续不断地感到压力的时候，不要只找表面原因，请思考一下"根本问题在哪儿"。你的症状越严重，就越难意识到问题所在，所以千万不要忘了直面自己的内心。

例如，如果你认识到压力的原因是"和上司关系很差"的话，解决方法就只有换个上司，或者是自己调到其他部门去。

什么事情导致你们之间的关系恶化了,上司什么样的态度让你厌恶,对此你是反抗了还是退缩了——询问自己这些问题,就可以看到问题的本质所在。通常,我们需要探索的其实是自己的内心。

遭遇同样的事却没感到压力的人

我们再深入探讨一下上司成为压力源头的问题。

假设你感觉和上司之间的相处有压力,尤其是和喜欢滥用职权的上司的话,和你一样讨厌上司的人可能很多,但也或许有人没有同样的感觉。

你可能会想"因为上司偏爱那个人"吧,但是在建立人际关系之前,上司无论对谁应该都是一样的吧。环境和情况纷杂多样,不能一概而论,但是一开始就有人对另一个人十分满意这种事情并不多。

那么,受到上司相同的待遇时,为什么不同的人有不同感受呢?

这是因为**不同的人，"认知"方式是不同的**。简单来说，发生事情时每个人的"理解方式"是不同的。

这个认知与压力的产生关系密切。

例如，参与同一个项目的小B和小C都犯了错误，同时被上司责骂。

这个错误及时被上司发现了，所以不至于铸成大错，但它距离事情办砸只有一步之遥，因此上司非常生气，当着其他员工的面对他们大吼大叫。

"你俩知道自己做了什么吗？给我听好，再这么下去要出大问题的！为什么都不确认下再做？做事这么半吊子是不行的啊！"

被严厉训斥的两人中，小B这样想：

"犯大错了……被骂也是应该的。但是上司及时注意到所以没有出现最坏的结果。现在我知道了什么时候应该注意什么，绝不会犯同样的错。我确实在认真工作，也努力了。这是经验不足导致的错误，以后不能忘了这次的事。"

另一边，小C是这样想的：

"这次是犯大错了。为什么会犯这种愚蠢的错误呢……太丢人了。我一般只是在重大问题时候容易出错，但是即便如此，也不用在大家面前否定我吧。只是一次的错误而已，大家都会觉得我是一个工作能力不行的人了。一般都是叫到另一个地方训斥的吧？真是无脑的上司。"

之后，小B并没有多么厌恶上司，对工作也是积极进取。而小C变得对上司心存芥蒂，无法投入工作。

当然，上司会赞赏小B。小C会觉得"老板偏袒小B"而更加厌恶上司，每次沟通的时候都感到莫大的压力。

自己的"认知"——思考对事物的理解方式

我们可以看出小 B 和小 C 的认知方式不同。因为发生事情之后，在产生情绪之前首先会产生认知。同一件事情可以产生不同的感受，这取决于我们对它的看法。

最终小 B 对上司的训斥积极地看待，而另一方小 C 产生了自我否定感，由此发展成为对上司的厌恶感。最终导致自己产生了巨大的压力。

我们知道小 C 感到压力的本质原因，相比起上司激烈的语言，主要在于他的认知方式。

当然不能说上司训斥的内容没有问题，但与改变上司的行为举止相比，认识到自己的认知方式要简单得多。只要我们意识到"自己是怎样理解这件事的"，压力就能得到缓解。

当我们感受到巨大的压力时，大致是处于一种极端的认知情况下。举几个常见的例子吧。

我们经常会产生"非此即彼"的思维模式。例如，只是因为一次失败，我们就会觉得"完了，今后也别想得到好的评价了"。

如果你对上司感到厌恶，就武断地认为因为两人性格不合所以绝对不可能相互理解，深信不疑只有自己辞职或上司辞职这两种选择。

如果我们有"消极思维"的认知习惯的话，就会对任何事都悲观看待，即使是面对肯定的话语，也会否定地理解为"其实你的内心根本不是这么想的"。

此外，如果习惯"过度解读和低估自己"的话，当我们犯错或被骂的时候，就会责备自己，觉得"自己果然没有能力"、"大家一定会觉得我无能",而过度夸大事实。

极端的认知还有很多种类型,主要的原因是,对事物的看法是狭隘和不灵活的。如果你处于压力之下,你的这种认知将会得到强化。

预防负面情绪膨胀的方法

当发生某件事将触发你的情绪时,请别着急,先想一下自己的认知方式是怎样的。你可以准备一本笔记本写下来试试。思考一下自己是否有"容易悲观看待事物"、"喜欢怪罪他人"抑或"容易为没有发生的事情担忧"之类的认知方式。这就是客观看待自己的认知。然后你就能这样去思考:"啊,我又因为同样的事情而烦躁了。3天前被上司骂了之后一直想这个问题,我已经受够了……"

通过客观看待自己的感知,就可以让自我不被负面情绪牵着鼻子走。

如果你不懂得认知的概念，你将无法做到这一点。情绪会无休止地涌现，压力会越来越大，你会越来越压抑。就如同刚刚的例子中小C所经历的事情一样。但是，如果小C在被上司斥责时能够正视自己的认知的话，就不会如此消极了。

如果你意识到自己的看法，但仍然无法改变自己的想法，请尝试着做以下两件事。

第一件事是"**质疑自己的感受**"。如果你觉得"什么都糟糕透了"的话，就试着想想真的什么事情都那么糟吗？如果你觉得"周围的人觉得自己无能"的话，就想一想是否真的所有人都是这么认为的。一旦你想到有人不会这样想的话，请在笔记本上写下他的名字和理由吧。

当我们处于情绪化状态的时候，我们可能会执着地相信一些事，尽管当我们仔细思考它时发现它毫无意义。

通过问自己这些问题，我们就会发现自己的矛盾之处，这时心情也会平静下来。

第二件事是"**想一想如果让你给处于同样情况下的人建议你会说什么**"。

请想象一下，如果你面前的人和你说了完全相同的话。

"我弄出这么大的岔子，想要出人头地是不可能的了。再努力也白费。"面对说这种丧气话的人，你会怎样建议他呢？请把想说的话写下来试试。"才不会的哦。只是一次失败而已。努力一下还是可以挽回的不是吗？"如果你的脑海里浮现出这些话语，不要忘了要常说给自己听。

因为我们总是能够客观地看待他人经历的事情。

通过撇开当事人视角来思考如何为他人给出建议，有时这些话恰恰是你最需要听到的。

提高心理复原力的最好习惯

当你习惯这些事情之后,恢复到以前的状态所需要的时间就会缩短。

如果发生了令你感到压力的事情,过去你会消沉一个月,后来变成一周、三天,最后只需要一天你就能够释怀压力了。

最终,在事情发生的瞬间,没准你就能够客观看待自己了。

在被上司斥责最猛烈的时候,你会提醒自己:"啊,我正在心里责怪对方,这会增加我的负面情绪,不能任由其发展呀。"

这样做就能够让你的内心复原力达到相当高的程度。

可能你会想立马达到这种状态，但是绝对不能着急。

如果你拥有了某种认知模式，这意味着你已经长时间运用这种认知去处理许多事情。客观看待事物和控制我们的认知不是"一键生成"的。还是十分花时间的。

但是，让认知的概念进入脑海中是即刻就能做到的。

了解认知和习惯客观看待事物的人与无法做到这些的人，经过几个月、几年、几十年，在抗压能力上有云泥之别。

最终，认知的方式本身也会发生变化，只有那些不断练习去客观看待自己认知的人，才能真实体会到。

"转变思想"——帮你在困难的时候向前迈出一步

如果未能认识到并放任不管会增加我们压力的认知方式的话,这种认知方式会进一步得到强化。这是非常痛苦的,如同自己给自己一圈一圈裹上锁链。大多数产生精神问题的人几乎都处于这种状态。

为了不变成这样,我们在养成客观看待自己认知的习惯时,也要尝试练习转换思想。这在我的培训课中也介绍过了。

认知是对所发生事情的理解方式,而思想是对范围稍广的事物的"思考方式"。

对于在工作上犯错这件事,假设你有"不能犯错"

的思想。这是一种源于极端认知的思想。

如果你将这种思想转变成"不想犯错"的话会怎么样呢?

这句话的潜在含义中包含着自己的"意志"。这种想法会带来相应的行动。"因为我不想犯错,所以要做好万全的准备",这样就能转化为具体的行动。相反,如果是"不能犯错"的想法,很少能唤起我们相应的行动。

让我们以同样的方式来思考另一个问题。

关于"想做的工作"你是怎么看待的?如果你觉得"应该做自己想做的工作"的话,那么你需要把这种想法转换成"我希望做我想做的工作"。

显然,我们偶尔也会不得不做自己不想做的工作。如果我们"应该做自己想做的工作"的主观意愿太强的话,就会对"不想做的工作"产生抗拒。当不得不做这个工作时,我们只会感到痛苦。

如若并非如此,而是秉持着"希望做想做的工作"

的想法的话，我们就会产生一种从容和动力，也能把不合心意的工作当成一种人生体验。

对人生的思考也是如此。是"应该过上丰富的人生"还是"想要过上丰富的人生"，是"必须成功"还是"想要成功"，是"必须幸福"还是"想要变幸福"呢？

"应该的思想"还是"想要的思想"，不同的想法会让你采取不同的行动。

当我们面临阻碍和困难时，发生悲伤的事情时，转变为"想要的思想"尤为必要。因为那是迈出第一步的关键。拥有"应该的思想"时我们就只会感受到痛苦。因此，**当我们经历困难的时候，要有意识地放弃思考"应该"做什么，而开始思考"想要"做什么。**

情绪可以由自己控制

习惯性地探索你的认知和思考方式,会减少你被情绪左右的频率,提高你的抗压能力,但是可能需要一定时间才能实际感受到效果。

花时间去建立容忍度是非常重要的,但是知道如何应对内心中翻涌的情绪也是很重要的。

在此我们将目光聚焦到控制情绪的方法上。

你是否觉得控制情绪十分困难?

这确实不是件容易的事,当我们觉得无法控制情绪的瞬间,我们会不断强化它。这样就会变成"不管了"、"顺其自然吧",将其抛在脑后了。

虽然不可能完全消除不安、悲伤和愤怒之类的情绪,但是也可以减轻很多。

思考你为何因为那句话而愤怒

那么我们先来看最容易控制的情绪吧!

我们许多人都想处理好容易在心中升起的那一团怒火。最近,一种叫作"愤怒情绪管理"的专门应对愤怒的方法引起越来越多人的关注。

实际上,愤怒是比较容易处理的情绪。**只要我们看到愤怒的本质,深入了解这迸发而出的怒火的原因,你就不会再生气了。**

我们很容易对某人的话语或者某种情况感到愤怒。

但是,在这些表象的背后,存在着"感觉自己被轻视"、"感觉自己重视的事物被践踏"，等深层的原因。去思索其本质的原因才是应对愤怒最基本的方法。

当我们追根究底去思索"为什么那句话会引发自己的愤怒"，就会发现"原来是因为自己尤为重视这件事，正因为没有得到妥当的处理所以自己才如此愤怒"。因此，我认为把它写在笔记上或许是个好主意。这样，你对自己的愤怒了解得越多，一旦遇到事情就不至于陷入失控的境地。

虽然，接纳愤怒并且试图使你完全平静下来还需要采取其他方法，然而知道如何避免强化它也可以帮助减少压力。

"现在我是因为这个原因而愤怒"，如果能做到这样去客观看待自己的愤怒的话，即便当前你的怒火值达到10级，你也能清楚知道当前你的心情状态。这样，就能避免情绪发酵到最坏程度。

如果不能做到这样的话，就会任由强烈的愤怒情绪控制你的言行举止，这不仅会给你带来麻烦，也会增加压力。

如果你因为别人的一句话而感到愤怒的话，请试着思考一下背后的原因。客观直视自己的愤怒能帮助你稍微冷静下来。

如果你觉得对方的话没有意义，就把它当作耳旁风吧。除了对自己有用的话，其他的话你基本上可以左耳进右耳出，这对控制愤怒情绪来说十分重要。

当我们想要控制情绪时，大多情况下客观面对情绪这个方法十分有效，然而在悲伤的情况下，别人与我们的情感共鸣也确实很有帮助。有一个能够理解我们的悲伤的人，往往有助于减轻痛苦的感觉。

但是，聆听我们的情感的人必须是我们真正信任的人。我们需要确保这个人会认真对待我们的感受，真正地接纳我们的情绪。

减轻焦虑最有效的方法

焦虑可能是人们在工作中经常感受到的最恼人的情绪。

焦虑会带来不安,而伴随着不安的增加,会变成恐惧。当焦虑发展成为恐惧后,行动就会变得困难,所以必须要在初期就处理好焦虑情绪。

让我们通过以下的具体例子来看看吧。

假设你被指派负责给一个大客户介绍新的服务,需要准备一个演讲。这个演讲定在一个月后。你的身上肩负着上司和同事的期待,所以你想着"这个演讲不能失败"。这种"绝对要成功"的心态会衍生出"失败的话怎么办"的焦虑。如果你搁置这种情绪的话,随着正式演讲的日子的逼近,你的焦虑会被逐渐放大,直到转变为恐惧。

在这种情况发生之前,只要你将思考方式转变,想着"我想让这次演讲成功",然后行动便可。如此简单就能消除焦虑吗?你可能会怀疑,请这么做试试看。

然后,还有一个月的时间,只需要做好万全准备就好。早早做好资料让上司和前辈帮忙看一下,去读书或者去寻求擅长这些的人的建议来提高你的演讲能力。

情绪会阻碍我们采取行动,但当我们行动起来时,负面情绪也能得到缓解。这意味着你可以控制你的焦虑。

注意不要给自己发出"禁止令"

那么,没有时间采取行动该怎么办呢?

试想一下,如果明天就要求你紧急做一场演讲的话,你没有时间仔细地制作材料,也没有时间去寻求建议。

你的焦虑瞬间升级,随后变成恐惧,只要一想到演讲现场,你的身心就会紧张起来。

即使出现这样的强烈情绪,也有控制的方法。

请想一想为什么你会被焦虑和恐惧支配?这是因为你"不能失败"的心情十分强烈。从而让自己背负上了巨大的压力。

当你面临越来越大的压力时,你在内心就会给自己发出许多"禁止令"。

"不准犯错"、"不准做会给自己带来负面评价的事"、"不能过度紧张"、"不准回答不上别人的问题"……

这完全是一种意识"向外"的状态。

即压力源于过度重视外部的评价、满足外部的愿望和期待,这种压力是压倒性的。

当这种情况发生时,我们首先要试着把注意力"向内"转移。

放弃对自己下禁止令,只需要将注意力集中在思考"自己的演讲想要表达什么内容"这件事上。第一句应该说什么,通过什么样的顺序表达,要强调哪些内容,等等,将你的注意力转向对表达方法的思考上。这样的话,就能防止你的压力无止境地发酵。

缓解正式出场前的紧张的两个方法

如果你做到了一定程度上缓解了压力的话,接下来的"脑内彩排"能够帮助你进一步减轻压力。

据说大脑无法辨别现实中发生的事情和想象的事情。在脑海里将自己想呈现的演示根据实际操作顺序仔细地设想一遍的话,对于大脑来说就算是经历了一遍。

提前进行"脑内彩排"的话,对大脑来说真正演讲的时候就成了第二次经历,因此,你的焦虑和紧张就会得到缓解。

如果你在演出前仍然感到焦虑,那么是时候采取身体力行的方法了!

当焦虑积满导致紧张的话,人的呼吸就会变得短促,心跳速度加快,肌肉僵硬,手脚开始发抖。

这是处于自律神经系统中的交感神经系统占主导地位的状态。缓解紧张状态需要提升副交感神经系统。交感神经和副交感神经的运作模式如同跷跷板,通过使副交感神经系统成为主导,可以使兴奋的交感神经系统平静下来。

其最简单的方法就是——**深呼吸**。不是简单的深呼吸,要进行"真正的深呼吸"。

无论是站着还是坐着都可以,尽可能放松你的身体,保持身体处于中立位。安静地闭上眼睛,想象你有一个屏障保护,或者想象你身处大自然之中。请幻想着你正身处海边和森林中的状态。

轻轻地吸一口气,慢慢地吐出来。想象着吐气时将负面情绪一并排出体外。

完全吐完后,再从鼻子缓缓吸气。像吸收清洁能量一样吸入空气。

只需要反复多次这个运动，就能够激发你的副交感神经系统，使其兴奋。

运动员的情绪控制法

对比赛结果有严格要求的专业运动员们需要注意他们的交感神经和副交感神经系统来调整状态，使自己在比赛前保持最好的状态。这被称为"定位"。

花样滑冰和体操之类的比赛，运动员在上场之前保持平常心是十分重要的，因此他们要尽力让自己的交感神经系统平静，提高副交感神经系统的活跃度。

运动员或通过深呼吸，或听自己喜欢的音乐来形成自己特有的习惯。听说雅典奥运会获得男子体操团体金牌的运动员米田功在握住单杠之前一直有着朝双手吹气的习惯。

柔道和摔跤等比赛是一种攻击面前的对手的竞技比赛，所以在比赛前，运动员必须要提高交感神经系统。柔道选手比赛前一刻猛烈拍击自己的脸，是为了提高交感神经系统。

伦敦奥运会中获得柔道女子比赛冠军的运动员松本熏被人形容为"野兽般"拍打自己的脸。这也是因为通过激发自己的交感神经系统来集中注意力，提高战斗精神，产生激烈的攻击。

在商务场合下，当被任命进行重要的演讲或其他关键时刻，通过给自己"定位"来控制情绪的方法逐渐被采用。

用自我认可的力量打造未来的自己

有时我们会失败,尽管我们已经做好了准备,采取了措施,以各种方式控制我们的情绪并全力以赴。有时你采取行动,你付出努力,但却没有得到回报。但是只要你尽了自己最大的努力就不会有问题。尽自己百分之百的力量去做,即使失败了,也能无愧于心告诉自己"目前自己的能力只到这个程度了,今后继续进步就好了"、"通过这次失败学到了新东西也是不错的经历"。

但是,如果这次失败导致你的自我认可度下降的话,请尝试一下"认可活动"。

第一章中介绍的认可活动是让你写出上司和同事的成就以及优点,但是这次你可以通过写出自己的努力来提高自我认可度。

请尝试写一些即便现在不太成功,但你觉得做得很好的具体事情。如果你在一次演讲中失败了,你也会产生"我顶住了压力"、"我在规定时间里完成了"、"我为我的失败真心诚意地道歉了"之类的感受。

刚刚介绍的金牌得主米田先生也是,他在役期间几乎每天都要进行自我认可的心理活动,听说他一天要写出认可自我的十条理由。

当你的自我认可度越高,你就越相信自己正在努力。即使失败了,也总有一天会成功,因为你会发现需要改进的地方。

成功经历越多,你的工作参与感就越强。你就越能感受到工作价值,满怀热忱地开展工作。做事更有动力,对压力的承受能力也就更强。

与之相反的状态被称为倦怠。什么都不做，就是"任其自然"地被情绪左右，陷入完全消耗的状态。

哪一种状态有更高的复原力，就不必我说了吧。

采取均衡的压力管理方法很关键

至此为止,我已经告诉你如何应对压力源,包括认知方法和情绪控制法之类。这样的处理方法称作"应对策略"。

应对策略大致分为两种,**问题焦点型和情绪焦点型**。下面我将简要解释一下这两种应对策略如何以平衡和积极的方式来提高你的压力承受能力。

问题焦点型是指以消除或减轻压力源头为目的的应对方式。这包括了要求你的上司改善你的工作环境或调整工作量等方法。为了解决问题去找人商量也属于问题焦点型策略。当清楚地知道问题的核心，并且通过解决它能够产生明显的变化时，问题焦点型的应对策略就是有效的。

当问题的核心在于"自己的认知方式"的情况下，通过解决它能够减轻压力源，所以解决认知方式也称作问题焦点型。

情绪焦点疗法是解决压力和不稳定心理状态的一种应对策略。例如，可以通过向信任的人倾诉来帮助你整理情绪，或者享受一种兴趣爱好来疏散压力。

这种治疗方法虽然无法解决根本问题，但是能减轻心理负担。情绪控制法就是其中一个手段。

你可能认为，问题焦点型是消除压力源头本身的应对方法，因此更有效，但是也存在无法解决的问题和无法消除的压力源。如果你试图不惜一切代价解决这些问题，反而会导致压力倍增，甚至会使你和身边的人产生摩擦。

倾向于问题焦点型的人也需要学习情绪焦点型

应对方法。反之同理,仅通过情绪焦点型应对方法将永远不会解决实际问题。

因此,关键是要均衡地使用两种方式。这样才会提高你的压力承受能力。

此外,作为压力的应对方法之一,接受心理辅导也是一个选项,请不要忘记。如果自己一个人找不到解决方案的话,两个人一起思考往往可以找到前进的道路。

对现代人来说最重要的是提升副交感神经

接下来我要介绍的不是产生压力时的应对方法，而是日常生活中能够使用的提高抗压性的方法。

首先从最简单，也是效果最好的方法说起吧！

觉得本章介绍的压力源应对法很难的人，请先试试看这种方法。仅仅通过这种方法就能切实地提高你的抗压能力。

这个方法就是，让自律神经保持平衡。**具体来说，就是在日常生活中使用各种各样的方式，主动地去"提高副交感神经"。**

提高副交感神经的话，如同我在前面说的那样，紧张时刻就很容易控制情绪。

或许在演讲前或类似的场合，你会很容易发现自己很紧张，而在职场中陷入紧张状态的可不只有站在别人面前说话这件事。实际上，大部分的人白天也几乎都是在紧张状态中过的。

当乘坐拥挤的电车感觉不舒服的时候，当处理一些矛盾的时候，当受到上司责备的时候，当提醒后辈的时候，又或者当工作不顺利而苦恼的时候，无意识中你的呼吸变得短而急促，心跳频率增高。这就是交感神经系统增强的表现。

当交感神经较活跃时，你不仅会感到烦躁、不安、愤怒、悲伤，想要责备自己或他人的情绪也会异常高涨。

反之，当副交感神经较活跃时，你就会放松，不太关注负面情绪，当发生一些事情、意外时，也能更加积极地看待自我和他人。

一般来说，交感神经系统持续保持活跃的话，你的身体会自然而然促进副交感神经系统提高，这是因为当一方始终占主导时，会增加你精神和身体的负担，所以身体会去调节保持平衡。这就是我说的体内平衡。

但是可惜的是，当今世界充斥着促使交感神经占据支配地位的因素。

你必须不断掌握知识和技能才能跟上时代的步伐。客户和上司不断迫使你去做你不能做到的事；就算削减预算，也必须要达到业绩定额；明明人手不足，没有培养新人的余力，却被要求在短时间内培训新人到某种程度，况且也不涨工资……

诸如此类，可以说不胜枚举。交感神经系统刚平静下来，身体的天平试图向副交感神经系统倾斜时，又会出现一个新的压力来源促使交感神经系统兴奋起来。

这就让我们变得时常烦躁不安，即使是一些细微的事情也能让我们感到有压力。现代人交感神经过度兴奋的趋势今后会越来越迅猛吧。

我们需要做的不是简单地等待着副交感神经系统自然地提升,而是**积极且不断地提高副交感神经系统**。这样一来就能够让自己忽视压力源,我们的内心就能从容积极地看待事物。

有效利用一日三餐

要提升副交感神经系统完全没必要做复杂的事情。我认为没有比我要介绍的更简单的方法了。

外界经常介绍的有放松法、自律训练法、肌肉放松法以及瑜伽冥想、香薰疗法，等等，但是这些是需要花费时间和金钱来学习的。当真正谈到去做的话，可能会有许多人犹豫不决。

其实有能够更简单提升副交感神经的方法，这就是我们每天都在做的事。只要你较为认真并花时间去做，就能收获到从容的心态。

首先是**"饮食"**。当你肚子饿的时候你的心情如何呢？我想你会变得焦躁、心情糟糕。此时是交感神经处于活跃的状态。当你进食的时候副交感神经渐渐活跃，进食结束后这个状态会短暂持续。吃饱后就会放松想睡觉，就是因为副交感神经持续处于高涨状态。

也就是说，我们的一日三餐能够真正提高副交感神经系统，可以促使我们内心平静，减缓压力。

如果免除早餐的话，你就会失去一次宝贵的机会。实际上，有报告指出，有吃早饭习惯的人比不吃早饭的人更难出现抑郁症状。

即使忙碌，对着电脑简单对付地吃饭也是非常不值得的事情。进食中和进食后毋庸置疑我们的副交感神经会提高，所以请记住提醒自己，要尽可能缓慢进食，用餐完毕后短暂休息一下。

有的人无论多忙都会预留出吃饭的时间，这样的人其实十分优秀，他们能以惊人的专注力完成多数的工作。

注意力最集中的状态,实际上是交感神经十分高涨的状态。交感神经除了在你紧张和感到压力时占主导地位,也在你表现最好的时候占主导地位。

因此,为了将交感神经提高到最佳的状态,必须处于最低状态。这意味着我们必须增强相反的副交感神经。

前面所说那位就是通过吃饭时间来放松,增强副交感神经系统。这就是他在上班的时候能够保持注意力集中的原因。

深度睡眠带来的恩惠

在我们日常做的事情中，除了饮食，还有一件事能真正地提高我们的副交感神经，并且这个状态可以持续数个小时。相信你已经明白了，这就是**"睡眠"**。

当我们睡着的时候，基本上是副交感神经占主导地位，肌肉放松，呼吸变得舒缓，我们的身体获得充足的氧气。平日里过度操劳的神经和肉体也能在这时得到恢复，荷尔蒙水平也会得到调整。当我们得到了充足的睡眠，我们的精神力量和身体力量都得到了恢复。

但是，我们不能仅仅保持充足的睡眠时间，最重要的是"睡眠质量"，如同第一章所提到过的。

曾有人说过这样的话：

"平日里职场上的麻烦事非常多，脑袋一直处于紧绷状态。在这个基础上，我几乎每天都赶最后一班地铁回去……回去之后我也不熬夜，立刻睡觉，但是即使睡了6个小时，早上起来的时候，仍经常觉得疲惫感没有消失。"

这是因为睡眠很浅，身体——尤其是白天辛苦的大脑——没得到充分的修复的状态。

或许大家听过这种说法，睡眠一般分为快动眼睡眠和非快动眼睡眠两种状态。一般来说浅眠属于快动眼睡眠，深度睡眠属于非快动眼睡眠。严格来说，快动眼睡眠是身体进入深度睡眠，非快动眼睡眠是大脑进入深度睡眠状态，人在睡眠中这两种状态是交替进行的。

非快动眼睡眠有1—4种等级，通常来说进入睡眠的最高阶段是4级。随后，快到早晨的时候会呈周期性地向3、2、1阶段转变，我们的睡眠逐渐变浅，最终开始苏醒。

但是，当我们睡眠不好导致一开始就没能达到4级的情况时，也就是睡眠停留在3、2级的情况下，就不可能再进入更深入的睡眠，大脑无法得到休息，疲劳感也就残留了下来。此时虽然保持了足够的睡眠时间，但是我们却无精打采，无法推进工作，这是最可惜的。

那么，如何做才能更好入睡，得到深度睡眠呢？

提升睡眠质量的要点是微小的"幸福感"

不容易入睡的原因非常简单,就是交感神经系统处于活跃中。

下班前我们的脑子还处于紧张状态,在回家途中的电车上,我们的眼睛没有离开手机的蓝光,回家后也一直玩手机或者电脑游戏,这样的话想睡却睡不着是当然的。

回家之后到入睡之间的几小时,当你专注于平息交感神经系统,就能达到"倒头就睡"的状态。

首先应该避免让交感神经处于主导地位。**在与手机和电脑保持距离的同时,尽可能将你的意识转**

移到工作以外的事情。

然后做一些"可以让你放松的事情"。看电视、做你兴趣所在的事情、和家人聊天、悠闲地享受温暖的沐浴，等等，无论哪一种都可以。请尽情去做喜欢的事情，慢慢地将你的状态转换为副交感神经主导模式。

但是，无论你多喜欢泡澡，也请避免睡前进行42度以上的高温沐浴。这样随着交感神经的提高，你的体温也会上升，那么入睡所必要的降低体温的条件就难以达到。

同样的，慢跑和锻炼肌肉也会导致你的交感神经活跃，所以我建议晚上不要进行运动。

此外，喝酒虽然能促使你更好入睡，但贪杯却会带来适得其反的效果。因此适量小酌一杯得以怡情即可，量多的话会让你的睡眠变浅，而且酒有利尿作用，夜晚如厕起床次数增多也会成为导致浅眠的一个因素。

我觉得睡前提高副交感神经的一个最简单有效的方法就是**充满"幸福感"**。想一想你会因为什么事情而感到幸福呢？再小的事情也无妨。

我睡觉前一定会到外面去看看我养的狗，摸摸它的脑袋，跟它说："有你在我很幸福哦。你也幸福吗？明天再见哦。"看到爱犬可爱的样子我就会变得很幸福，并能保持着舒畅的心情立刻入睡。

打造牢不可破的内心的快走运动

虽然临睡前运动会妨碍我们顺利入睡,但是白天里运动却能够提高睡眠质量。事实上有调查结果显示,有运动习惯的人更不容易患失眠症。

虽说如此,我们也没有必要勉强自己每天运动,建议只在周末锻炼,并尽可能多地进行肌肉力量训练。

通过对肌肉进行一定程度的负重训练,当我们有压力的时候,体内产生的有害物质就会减少。

此外,剧烈运动会让我们的交感神经立即升高,在锻炼结束的瞬间,副交感神经反作用成为主导神经。交感神经和副交感神经之间的平稳过渡，这对平衡自律神经系统很重要。

你可以尝试在健身房进行力量训练，但其实最容易上手的方法是"**快走**"运动。

在你快走的时候，不应该只是简单地走路，而是通过快慢交替的节奏步行来促使交感神经和副交感神经之间的切换。**尽可能快走几分钟之后再慢走几分钟，再反复这个动作即可**。快走时间在15分钟左右就能达到好的效果。

通过这种恒定节奏的运动，体内会产生一种叫作血清素的神经递质。当血清素含量不足时，人就容易疲惫，做事缺乏动力，容易产生焦虑、烦躁、愤怒等情绪。它也会导致偏头痛、食欲不振和失眠。

快走之类的运动能够提高血清素水平，可以帮助减少压力荷尔蒙——皮质醇的生成，这可以使你内心更加安定和放松。

只需要通过适量的运动就可以帮助你切换到副

交感神经系统,这将大大增加你的抗压能力。此外,它还有助于预防衰老和因不良生活方式导致的疾病,并使你保持身材,因此,运动真的满是好处!

为什么登山能让人变幸福？

还有一种能够提高副交感神经的方法。

你是否曾经漫步在宁静的森林中，凝视着广阔的海洋，或仰望如瀑布般的星河？

那时你的心情是怎样的呢？平日里令你烦恼的事情似乎都变得微不足道，你的内心也随之变得平静。达到这种精神状态是副交感神经活跃的结果。

压力是在不知不觉中积压的东西。如果你去往大自然，置身其中悠闲地度过的话，你就会切换到副交感神经系统，你被交感神经系统控制时的疲惫的身心就能得到休息。

我认为最有效果的方式是"登山"。它能够让你一边置身于自然之中一边运动，效果倍增。

你没必要认真地登山。可以和喜欢的人一边开心地聊天，一边爬上山顶，一边欣赏着山上独一无二的景色，一边吃便当，当你做这些时，你的副交感神经系统活跃度将处于顶点，你会感到快乐。这是因为我们所做每一件事中都包含着让副交感神经活跃的因素。

当然不一定是爬山，但任何能让你接触大自然的事情都是个好主意。请尽量抽出时间，时常到大自然中看看吧！

会流泪的人其实是内心强大的人

另一个能够极大地提高副交感神经的方法是**"释放情绪"**。

如第一章写到的，情绪的释放有宣泄的作用，能让你的内心变得轻松畅快。副交感神经系统在开怀大笑之后肯定会活跃起来，在流泪之后也是如此。

请不要认为释放情绪是只能一个人的时候才能做的事情。完全没必要觉得表露出情感是一件可耻的事情。

你可以向身边的人吐露心声。当然这并不意味着无论对谁都可以毫无顾忌地表达，而是和你信任的人诉说，去彻底释放感情，让对方和你一起承受。这样一来你的内心能够备感轻松，发泄完情绪后副交感神经一定会处于主导地位。

同时，在日常生活中，增加"感动"你的事情的数量，创造能够让你的内心产生感动的机会。人们需要感动。如果你不去"动摇"你的内心的话，你的压力承受能力会越来越低。

你会因为什么而感动呢？我想这可能会和你在第二章中所发现的你最重视的事情，以及今后想要实现的目标有密切的关联。

受到周围的人支持的人的特征

现在，本书终于要接近尾声了。

最后，我将会告诉你提高抗压性最重要的一个因素——构建人际关系的能力。

无法顺利构建人际关系就容易被孤立。这样我们受到的来自周围人的支持可能会减少，也无法获得充足的信息。因为沟通减少了，所以工作也不能顺利开展。

拥有坚强的内心的人的特征是，他们既有能够独立克服困难的能力，身边也不缺乏支持的人。正因为这种被支持的环境，让他们拥有强大的内心。

建立人际关系最重要的是为他人着想和尊重他人。换句话说，你需要有相应的能力，这样说可能有点抽象，所以让我们来看一些具体的要素吧！

当我们把建立关系的技能分解来看，可以发现它由以下三种能力构成，即**"认可力"**、**"倾听力"**、**"自我表达能力"**。

正如我们所看到的，**第一种类型的认可即"自我认可"，第二种是"认可他人"**。

无论是对待自我还是对待他人，我们往往更关注缺点而不是优点。然而，当我们把注意力集中在消极方面时，我们就会轻视自己，指责他人。这可能导致负面情绪不断循环，不利于建立适当的人际关系。

开展认可他人的活动和认可自我的活动，就可以帮助你关注他人和自己的内在优点，及其努力所得到的结果，所以请试着一有机会就把它写下来！

前文中我已经提到了，当你有较强的自信心时，你就会相信自己会做出努力。另一件重要的事情是，当你能信任自己时，你就可以信任别人。

比看着别人的眼睛附和更为重要的事

接下来,我们来看一看倾听力吧!说到"倾听",许多人会联想到看着别人的眼睛,一边附和,偶尔重复别人的话的场景。但仅仅这样是不足够的,有比这更加重要的事情。

那就是**"理解对方的心情"**。要做到这一点,你**需要仔细倾听对方的话,了解情况,并注意去体会他们的感受**。

对方是否说了真心话,也许他们没有告诉你真实的感受,或许对方也没有意识到自己真正的感受。那么,对方最强烈的感受是什么呢?

抱着这样的态度去关注对方的内心才是真正的倾听。

在商务场合中,人们倾向于不去关注对方的感受,而是先解决问题。请你回想一下,职场上的交谈是否已经变成了"咨询"?你问了一个又一个问题,用以了解情况并提供解决方案。这根本就不是在倾听。

为了避免把这种交谈变成枯燥的咨询,应该如何做好呢?**只需要在普通的对话中加入自己的"感受"即可。**

如果一个同事因为与客户之间存在的长期问题来找你,你不仅仅要问情况,还要问他的感受。如果你问他是否急于尽早解决问题,他可能会对你敞开心扉告诉你"不是,与其说是焦急,更多的是因为不知道能否解决而不安"。

人是一种被别人理解就会很开心的生物。只有当我们专注于他人的感受时,信任关系才会产生。

只有这样，对方才会开始坦诚地接纳我们的建议。当我们抱怨吐苦水的时候，对方才能理解我们的心情。

另外，人受到某种恩惠的时候会想要回报对方。这就叫作"互惠原则"。

然而，如果你对这一规则期望过大而斤斤计较的话，你很快就会被看穿。如果你不是真正地关心和尊重对方，你就不可能有真正的倾听力。

双方都处于同一"擂台"的谈话方式

第三种是自我表达能力,即**表达自己所思所想的能力**。如何沟通才能帮助你构建更好的人际关系呢?

有三种不同的自我表达模式。第一种是退缩性的自我表达,他们不清楚自己想说什么,想说什么的时候不直接说而是采用拐弯抹角的说话方式。用比武来比喻的话,这是一种只把对方放在擂台上,而自己却留在擂台之外的状态。这不是正确的沟通方式。

与此相反的是进攻性的自我主张,你总是先把想说的话说出来。这是一种自己先站上擂台,把对方推到了场外的状态。对方自然也会反感,这样也无法建立信任关系。

这两者都不是**正确的自我表达方式，应该以适当的方式表达你的观点，同时考虑对方的感受**。即你和对方都站在同一擂台上，所以你们可以互相沟通，达成共识。

怎样才能做到自信地表达自我呢？想一想，当你要求别人做某件事时，你是如何说的。

这里有四个要点：**①现在的情况；②你是什么样的心情；③具体的要求；④这样做将产生什么样的影响**。请你尽量做到把这四个要点清晰地传达出来。

常见的模式是只表达自己的心情和只表达自己的要求，但只有全部囊括了这四个要点才能做到自信地表达。这四点将帮助你以对方最能接受和自己最满意的方式表达。

当你在说话的时候，首先要记住的是为他人着想。当你真正想要为他人考虑的时候，就不会随便说话。

你要准确地告诉别人你正在经历的事情和你的

感受，你必须把自己希望被接受的请求凝练成一个要求来提出，并清楚地告诉对方你能从中获得的东西，这样对方才会信服。

关爱来自于对他人的关心和对他们个人的尊重。关键是对自己和他人都要诚实。认同力也好，倾听力也好，自我表达能力也好，都是源于这里的。

"自我克制力"是一种能量。

本章中，我们研究了提高压力承受力的方法，包括：抓住问题的本质、采取认知的方法、控制你的情绪、采用均衡的压力应对策略、提升你的副交感神经以及提高你建立人际关系的能力。

你不必从一开始就将所有的方法都尝试一遍，但是只要你想做的话，你一定可以做到。

当你认为自己什么都做不了的时候，所有的选项都会从你的眼前消失。所以，最重要的是你拥有这样的信念：**你可以克服自己的压力，你可以提高自己的抗压能力**。请不要忘记这一点，决定权在于你的手中。

我的感悟

尾 声

最近几年,人们十分关注提高心理复原力。提高心理复原力不仅是为了不生病、能忍受压力或者能够应对压力,更是为了达到一种具有更强大的恢复能力、适应能力的状态。

那么,如何才能提高复原力呢?

其方法仍然是以如何让失调的内心恢复正常为中心。然而,内心受挫或是正在受挫的人,很容易变成只将重点放在如何提升应对压力的能力上。

从心理健康的角度来看,本书当然能帮助你,但是我也介绍了许多实际有效的方法帮助你追求更高的人生目标。

也就是说，本书凝聚了工作上所需要的所有的思想基础和方法。

换句话说，我们的最终目标是让你比现在更轻松地工作，感受到工作的意义，无论是工作还是私人生活，都能够感受到幸福。

因此，我想鼓励读者尝试一下第一章中提到的事情："放下执念，停止做不需要的事情"。小小的举动，可能会给你带来巨大的改变。

然后，在第二章中，我们进一步积极地建立正确的工作价值观，并思考什么是真正的幸福。其中最重要的问题有："提高成就动机"、"专注重要的事情"、"展望未来"、"思考人生愿景"，请试着花一点时间来思考。

在接下来的第三章中，我介绍了为了实现第二章中描绘的幸福所必需的提高抗压性的方法。如"调整认知方法"、"情绪控制"、"促进副交感神经活跃"、

"了解睡眠的重要性"、"提高建立人际关系的技能"和"流泪"之类的方法，还提到了内心失调的预防措施。

而且，第三章介绍的全部都是获得幸福感的方法。如果你了解并去实践的话，我相信会有更多的机会感受到幸福。

希望这本书能够帮助你离幸福更近一点儿，有方向地寻找个人的幸福。实现这一目标的第一步就是，要有**"放弃的勇气"**。

最后，我想借此机会感谢朝日新闻出版社的铃木香女士，她给我提出一个使我们更加接近个人幸福的主题，并给我出版的机会，也要感谢在编辑方面给予我莫大支持的丰原美娜女士。

见波利幸

图书在版编目（CIP）数据

放弃的勇气：舍弃这 21 个你以为的"好习惯"/〔日〕见波利幸著；汤成译. —上海：上海三联书店，2023.1

ISBN 978-7-5426-7953-6

Ⅰ.①放… Ⅱ.①见… ②汤… Ⅲ.①压抑（心理学）－通俗读物 Ⅳ.① B842.6-49

中国版本图书馆 CIP 数据核字（2022）第 225117 号

放弃的勇气：舍弃这21个你以为的"好习惯"

著　　者／〔日〕见波利幸
译　　者／汤　成
责任编辑／王　建
特约编辑／甘　露
装帧设计／鹏飞艺术
监　　制／姚　军
出版发行／上海三联书店
　　　　　　（200030）中国上海市漕溪北路331号A座6楼
邮购电话／021-22895540
印　　刷／三河市中晟雅豪印务有限公司
版　　次／2023年1月第1版
印　　次／2023年1月第1次印刷
开　　本／787×1092　1/32
字　　数／54千字
印　　张／8

ISBN 978-7-5426-7953-6/B・812

定　价：29.80元

YAMERU YUKI: "YARANEBA!" WO MINIMUM NI SHITE KOKORO WO TSUYOKUSURU 21 NO SHUKAN
by TOSHIYUKI MINAMI
Copyright © 2017 TOSHIYUKI MINAMI
All rights reserved.
Original Japanese edition published by Asahi Shimbun Publications Inc., Japan
Chinese translation rights in simple characters arranged with Asahi Shimbun Publications Inc., Japan through BARDON CHINESE CREATIVE AGENCY LIMITED, Hong Kong.

本书中文简体版权归北京凤凰壹力文化发展有限公司所有，并授权上海三联书店有限公司出版发行。未经许可，请勿翻印。

著作权合同登记号　图字：10-2021-377号